建筑制图与识图

主　编　凌艺春　余荣春

副主编　莫敏华　谭宁希　胡瑛莉

参　编　刘　慧　杨莉菲

北京理工大学出版社
BEIJING INSTITUTE OF TECHNOLOGY PRESS

内 容 提 要

　　本书的编写突出了高等教育的特色，以应用为目的，以必需、够用为度，把握适用性、科学性、先进性、应用性，并采用最新国家标准。在选材和内容编排上，注重项目的过程与行为导向教学，在使用文字语言和插图上尽量做到简明易懂。全书共7章，主要内容包括建筑制图的基本知识与技能，投影的基本知识，立体的投影，剖面图与断面图，识读建筑施工图、轴测投影和建筑施工图设计与绘制。

　　本书在内容上涵盖了较全面的建筑工程制图基本知识，可作为高等院校土木工程类相关专业的教材，也可供建筑工程施工技术及管理人员工作时参考。

图书在版编目(CIP)数据

建筑制图与识图/凌艺春，余荣春主编．—北京：北京理工大学出版社，2020.6
ISBN 978-7-5682-8603-9

Ⅰ.①建…　Ⅱ.①凌…②余…　Ⅲ.①建筑制图—识图—高等学校—教材　Ⅳ.①TU204.21

中国版本图书馆CIP数据核字（2020）第106375号

出版发行 / 北京理工大学出版社有限责任公司
社　　址 / 北京市海淀区中关村南大街5号
邮　　编 / 100081
电　　话 / （010）68914775（总编室）
　　　　　（010）82562903（教材售后服务热线）
　　　　　（010）68948351（其他图书服务热线）
网　　址 / http://www.bitpress.com.cn
经　　销 / 全国各地新华书店
印　　刷 / 天津久佳雅创印刷有限公司
开　　本 / 787毫米×1092毫米　1/16
印　　张 / 12
插　　页 / 10　　　　　　　　　　　　　　　　　　　　责任编辑 / 游　浩　江　立
字　　数 / 314千字　　　　　　　　　　　　　　　　　文案编辑 / 江　立
版　　次 / 2020年6月第1版　2020年6月第1次印刷　　责任校对 / 周瑞红
定　　价 / 58.00元　　　　　　　　　　　　　　　　　责任印制 / 边心超

前　言

本书根据教育部有关高等院校人才培养要求编写，力求突出高等教育的特色。本书在每一章节的开头都插有一幅与该章节内容相关的图示，都含有一个导读，都安排有一个任务训练模块和一个实践活动模块。为了帮助学习者巩固所学内容，本书每章后附有融入与行业标准、建筑行业关键岗位考证、建造师考试等内容相关的填空、选择、问答等多种类型习题。

通常，建筑工程制图课程包含投影原理、建筑施工图绘制和建筑结构施工图绘制三大内容，本书考虑到高等教育建筑工程制图课程经过教学改革后课程学时有所减少，以及避免教材内容过于分散等原因，只讲述投影原理和建筑施工图绘制，建筑结构施工图绘制内容则放在其他教材讲述。本书为了降低课程的学习难度，特别将建筑施工图内容分成建筑施工图识读和建筑施工图绘制两个阶段，各用一个实际的建筑项目引出。

本书共分为7章，主要内容包括建筑制图的基本知识与技能、投影的基本知识、立体的投影、剖面图与断面图、识读建筑施工图、轴测投影、建筑施工图设计与绘制。

本书由广西工业职业技术学院凌艺春、余荣春担任主编，由广西工业职业技术学院莫敏华、广西建工集团大都投资有限公司谭宁希和广西工业职业技术学院胡瑛莉担任副主编，广西工业职业技术学院刘慧、广州天华建筑设计有限公司杨莉菲参与了本书的编写。具体编写分工如下：第1章和第2章由莫敏华、刘慧编写，第3章由胡瑛莉编写，第4章由凌艺春、胡瑛莉编写，第5章由凌艺春、谭宁希编写，第6章和第7章由余荣春、杨莉菲编写。

由于编写时间仓促，编者水平有限，书中难免存在疏漏及不足之处，敬请广大读者批评指正。

CONTENTS

目　录

第1章　建筑制图的基本知识与技能 … 1

项目引入1　五角星的绘制 … 1

1.1　了解建筑制图的基本规定 … 5

1.1.1　建筑制图相关标准 … 5

1.1.2　图纸的幅面和格式 … 6

1.1.3　图纸 … 8

1.1.4　字体 … 10

1.1.5　比例 … 12

1.1.6　尺寸标注 … 13

1.2　掌握绘图工具使用方法 … 15

1.2.1　绘图工具 … 15

1.2.2　绘图仪器 … 16

1.2.3　绘图用品 … 17

1.3　绘制平面几何图形 … 18

1.3.1　等分线段和等分圆周 … 18

1.3.2　椭圆画法 … 20

1.3.3　圆弧连接 … 22

任务训练1　平面几何图形的尺规绘制和徒手绘制 … 26

第2章　投影的基本知识 … 30

项目引入2　平面体三面投影图的绘制 … 31

2.1　投影概述 … 33

2.1.1　投影的基本概念 … 33

2.1.2　投影法 … 34

2.1.3　投影的分类 … 34

2.2　正投影的特征 … 35

2.2.1　显实性 … 35

2.2.2　类似性 … 35

2.2.3　积聚性 … 35

2.2.4　平行性 … 36

2.2.5　定比性 … 36

2.3　三面投影图 … 36

2.3.1　三面投影图的形成 … 36

2.3.2　三面投影图的投影规律 … 37

2.4　点的投影 … 38

2.4.1　点的三面投影规律 … 38

2.4.2　两点的相对位置 … 39

2.4.3　重影点及其投影的可见性 … 39

2.4.4　特殊位置点的投影 … 40

2.5　直线的投影 … 40

2.5.1　直线表达的基本知识 … 40

2.5.2　直线的投影规律 … 41

2.5.3　直线在三面投影体系中的投影 … 41

2.6 平面的投影 ……………………44
　2.6.1 平面的表示方法——几何元素
　　　　表示法 …………………44
　2.6.2 平面在三面投影体系中的投影 …44

任务训练2 平面体三面投影图的尺规
　　　　绘制和徒手绘制 …………48

第3章 立体的投影 ………………52
项目引入3 复杂组合体三面投影图的
　　　　绘制 ………………………52
3.1 平面立体 …………………………56
　3.1.1 棱柱体的组成与投影 ………57
　3.1.2 棱锥（台）体的投影 ………58
　3.1.3 平面体表面的点和线 ………60
3.2 曲面立体 …………………………62
　3.2.1 圆柱体的投影 ………………63
　3.2.2 圆锥（台）体的投影 ………63
　3.2.3 圆球的投影 …………………64
　3.2.4 曲面体表面的点 ……………65
3.3 组合体的投影 …………………67
　3.3.1 组合体的分类 ………………67
　3.3.2 组合体表面的连接关系 ……68
　3.3.3 组合体表面的位置关系 ……69

任务训练3 复杂组合体三面投影图的
　　　　尺规绘制和徒手绘制 ……69

第4章 剖面图与断面图 …………72
项目引入4 建筑物的投影图、剖面图
　　　　和断面图 …………………73
4.1 剖面图 …………………………81
　4.1.1 剖面图的形成 ………………81
　4.1.2 剖面图的表达 ………………82

4.1.3 剖面图的种类 ………………84
4.2 断面图 …………………………86
　4.2.1 断面图的形成 ………………86
　4.2.2 断面图的种类 ………………87
　4.2.3 断面图的简化画法 …………88
　4.2.4 断面图与剖面图的区别 ……89

任务训练4 简单建筑构配件断面图和
　　　　剖面图的尺规绘制和徒手
　　　　绘制 ………………………90

第5章 识读建筑施工图 …………93
项目引入5 识读建筑一层平面图 ……94
5.1 建筑施工图概述 ………………97
　5.1.1 建筑施工图的产生 …………97
　5.1.2 建筑施工图与视图关系 ……97
　5.1.3 建筑施工图的分类和编排顺序 …99
　5.1.4 建筑施工图的图示特点 ……101
　5.1.5 建筑施工图中常用的符号和
　　　　图例 ………………………101
　5.1.6 建筑施工图的识读步骤 ………106
5.2 图纸目录、建筑设计总说明及建
　　筑总平面图的识读 ……………107
　5.2.1 图纸目录 ……………………107
　5.2.2 建筑设计总说明 ……………107
　5.2.3 建筑总平面图的识读 ………107
5.3 建筑平面图的识读 ……………110
　5.3.1 建筑平面图的形成和作用 ……110
　5.3.2 建筑平面图的图示内容 ……111
　5.3.3 建筑平面图的识读实例 ……111
5.4 建筑立面图识读 ………………113
　5.4.1 建筑立面图的形成及图示内容 …113
　5.4.2 建筑立面图识读实例 ………113

5.5 建筑剖面图的识读·············115
  5.5.1 建筑剖面图的形成·············115
  5.5.2 建筑剖面图的图示内容·············115
  5.5.3 建筑剖面图识读实例·············117

5.6 建筑详图的识读·············119
  5.6.1 建筑详图的形成及特点·············119
  5.6.2 建筑详图的表示方法及种类·····120
  5.6.3 屋面天沟泛水大样图、屋面出水
      口剖面大样图及女儿墙详图的
      识读·············120
  5.6.4 构配件详图的识读·············123
  5.6.5 卫生间详图·············126
  5.6.6 门窗详图的识读·············128
  5.6.7 其他构配件构造详图的识读·····130

任务训练5 识读建筑平面图、立面
        图、剖面图、详图·············131

第6章 轴测投影·············139
项目引入6 单体轴测投影图的绘制·139
6.1 轴测投影的基本知识·············143
  6.1.1 轴测图的形成·············143
  6.1.2 轴测图的相关术语·············144
  6.1.3 轴测投影的基本特性·············144
  6.1.4 轴测图的分类·············144
6.2 绘制正等轴测图·············145

  6.2.1 正等轴测图概述·············145
  6.2.2 正等轴测图的画法·············145
6.3 绘制斜等轴测图·············148
  6.3.1 斜二轴测图的轴间角和轴向
      变形系数·············148
  6.3.2 斜二轴测图的画法·············148

任务训练6 组合体轴测投影图的尺规
        绘制·············150

第7章 建筑施工图设计与绘制·············153
项目引入7 某住宅楼立面图的
        绘制·············153
7.1 建筑施工图的产生过程·············160
  7.1.1 从建筑设计到建筑施工图·····160
  7.1.2 建筑施工图设计的原则、规范
      与内容·············160
7.2 建筑施工图绘制·············161
  7.2.1 绘制建筑平面图·············161
  7.2.2 绘制建筑立面图·············166
  7.2.3 绘制建筑剖面图·············169
  7.2.4 绘制建筑详图·············172

任务训练7 绘制住宅楼建筑图·············179

参考文献·············182

第1章

建筑制图的基本知识与技能

导读

建筑制图是学习绘制和阅读工程图样方法的课程。本章只讲述制图的基本知识和如何正确利用绘图工具(图1-1)绘制平面几何图形。

知识目标

1. 了解课程的地位和作用。
2. 掌握房屋建筑制图图线的标准及相关规定。
3. 掌握平面几何图形的绘制方法和步骤。

技能目标

1. 能够正确使用绘图工具。
2. 掌握绘制平面几何图形的方法。

图1-1 常用绘图工具

项目引入1 五角星的绘制

项目说明

1. 项目描述

如图1-2所示,在A4幅面的图纸,按所给比例用铅笔绘制五角星图样。要求五角星连接光滑、粗细分明、交接正确。

2. 工具

画图板、A4纸、丁字尺、直尺、三角板、圆规、2B铅笔、橡皮擦。

图1-2 五角星图样

五角星绘制项目引入的教学目标是为学习者做一个学习示范，首先展示 A4 图纸标题栏和会签栏的绘制，接下来展示五角星的绘制。

工作任务

1. A4 图纸标题栏和会签栏的绘制。
2. 五角星的绘制。
3. 标注尺寸及填写标题栏和会签栏。

项目实施

1. A4 图纸标题栏和会签栏的绘制如图 1-3 所示。

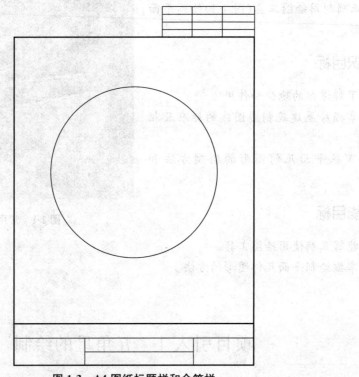

图 1-3 A4 图纸标题栏和会签栏

2. 五角星的绘制如图 1-4 所示。

(1) 以 O 为圆心，画圆，如图 1-4(a) 所示；

(2) 作 AB、CD 两条垂直的直径，如图 1-4(b) 所示；

(3) 作出 OB 的中点，得 E，如图 1-4(c) 所示；

(4) 连接 ED，如图 1-4(d) 所示；

(5) 以 E 为圆心，以 ED 为半径作圆，交 AO 得 F，如图 1-4(e) 所示；

(6) 连接 FD（FD 就是正五边形的边长），先以 D 为圆心，以 DF 为半径，在圆周上依次截取，得 5 点，如图 1-4(f) 所示；

(7) 连接圆内截取的 5 点，得正五边形，如图 1-4(g) 所示；

(8) 从五边形的内角上连线，即得正五角星，如图 1-4(h) 所示。

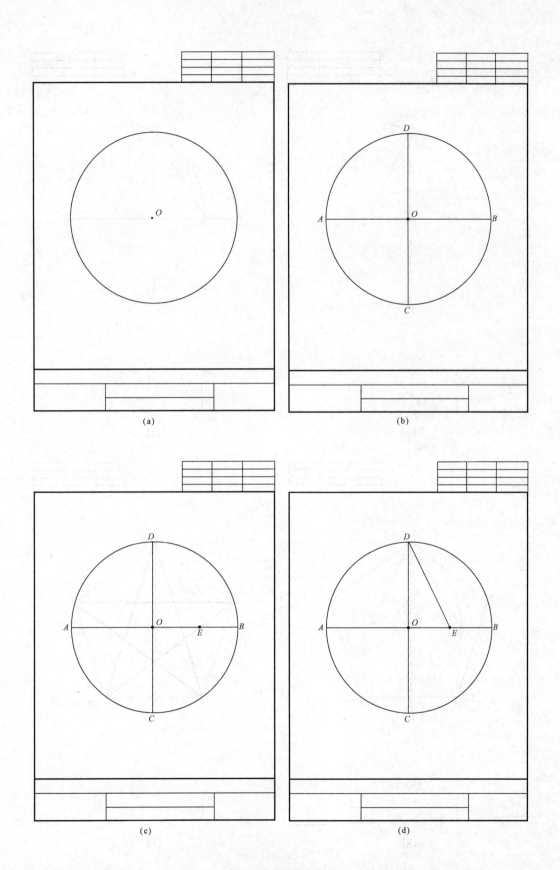

(a)

(b)

(c)

(d)

图 1-4　五角星的绘制

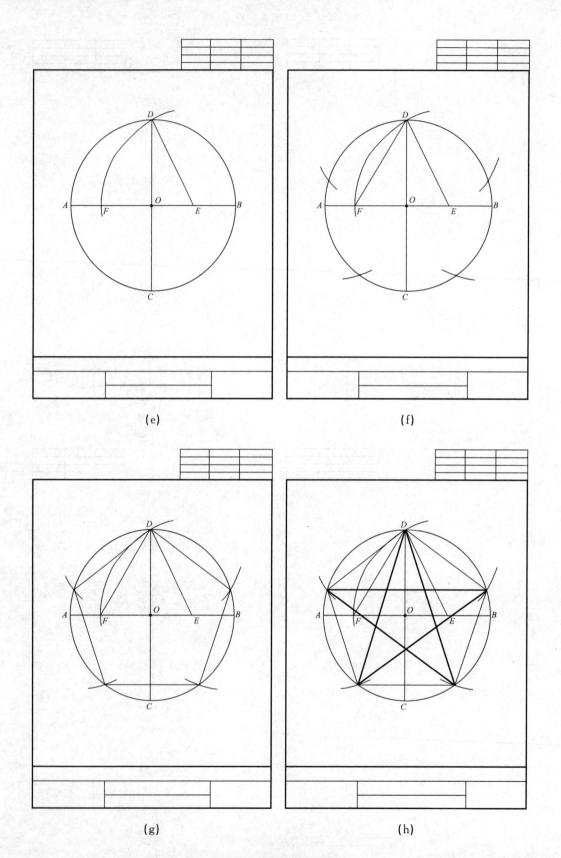

(e)

(f)

(g)

(h)

图 1-4 五角星的绘制(续)

3. 标注尺寸，填写标题栏，绘制完成的图纸如图 1-5 所示。

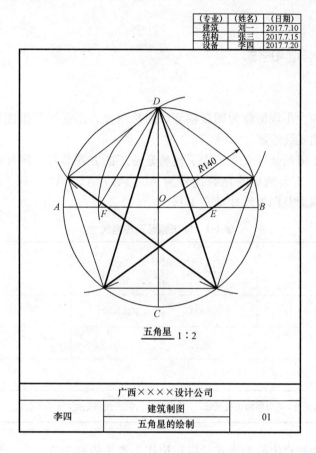

（专业）	（姓名）	（日期）
建筑	刘一	2017.7.10
结构	张三	2017.7.15
设备	李四	2017.7.20

五角星 1：2

广西××××设计公司		
李四	建筑制图	01
	五角星的绘制	

图 1-5　五角星绘制完成

1.1　了解建筑制图的基本规定

1.1.1　建筑制图相关标准

工程图样是工程界的技术语言，是房屋建造施工的依据。为了统一房屋建筑制图规则，保证制图质量，提高制图效率，做到图面清晰、简明，符合设计、施工、存档的要求，适应工程建设的需要，就必须制定建筑制图的相关标准。我国现行的建筑制图标准是由建设部会同有关部门共同制定与修订的。

有关建筑制图标准有《房屋建筑制图统一标准》（GB/T 50001—2017）、《总图制图标准》（GB/T 50103—2010）、《建筑制图标准》（GB/T 50104—2010）、《建筑结构制图标准》（GB/T 50105—2010）、《建筑给水排水制图标准》（GB/T 50106—2010）和《暖通空调制图标准》（GB/T 50114—2010）六个。其中，《房屋建筑制图统一标准》（GB/T 50001—2017）是各相关专业的通用标准。

实际上，上述标准都会根据需要定期更新，但制图的基础知识、原理及要求不会改变。

1.1.2 图纸的幅面和格式

1. 图纸的幅面

图框图纸本身的大小规格称为图纸幅面，简称图幅。而图框是指图纸上所供绘图范围的边线，图框线用粗实线绘制。

单位工程的施工图须装订成套。为了使整套施工图方便装订，国标规定图纸按其幅面规格总共分为 5 种，从大到小的幅面代号为 A0、A1、A2、A3、A4，A0＝2A1＝4A2＝8A3＝16A4。图纸幅面及图框尺寸见表 1-1。

表 1-1 图纸幅面及图框尺寸 （单位：mm）

幅面代号 尺寸代号	A0	A1	A2	A3	A4
$b \times l$	841×1 189	594×841	420×594	297×420	210×297
c	10			5	
a	25				

注：表中 b 为幅面短边尺寸，l 为幅面长边尺寸，c 为图框线与幅面线间宽度，a 为图框线与装订边间宽度。

图纸以短边作为垂直边称为横式；以短边作为水平边称为立式。一般 A0～A3 图纸宜横式使用，必要时也可立式使用，A4 图纸立式使用，如图 1-6 所示。如图纸幅面不够，可将图纸长边加长，但短边不宜加长，长边加长应符合规定。

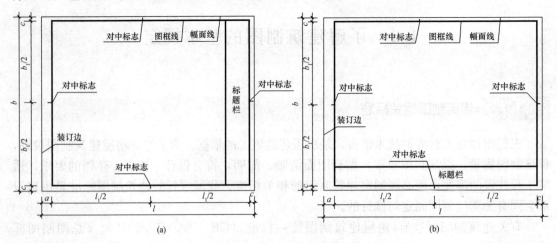

图 1-6 图纸的幅面格式

(a)A0～A3 横式幅面(一)；(b)A0～A3 横式幅面(二)；

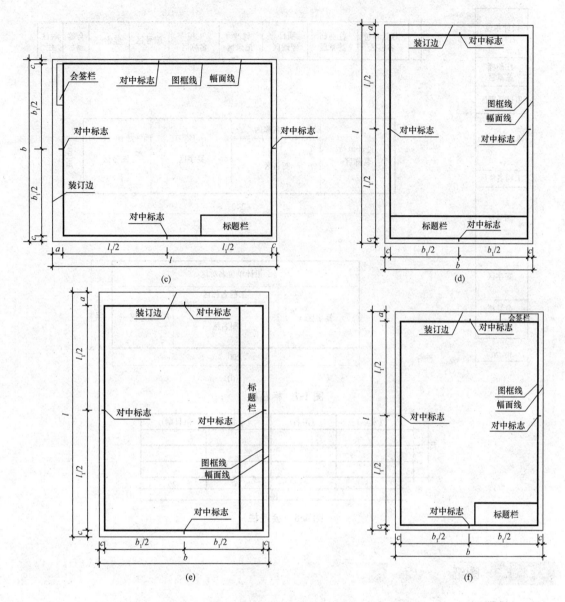

图 1-6 图纸的幅面格式(续)

(c)A0～A1 横式幅面；(d)A0～A4 立式幅面(一)；

(e)A0～A4 立式幅面(二)；(f)A0～A2 立式幅面

2. 标题栏

图纸标题栏(简称图标)是用来填写设计单位(设计人、绘图人、审批人)的签名、日期、工程名称、图名、图纸编号等内容，如图 1-7 所示。标题栏必须放置在图框的右下角。

3. 会签栏

会签栏用于(会签人员)在工程图纸上填写所代表的有关专业、姓名、日期等内容，如图 1-8 所示。

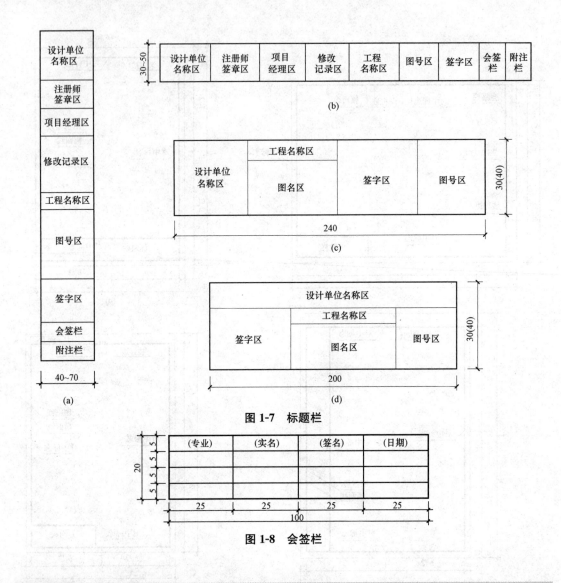

图 1-7　标题栏

图 1-8　会签栏

1. 线型

画在图纸上的线条统称为图线。为了使各种图线所表达的内容统一，国标对建筑工程图样中图线的种类、用途和画法都作了规定。建筑工程图的图线线型有实线、虚线、点画线、双点画线、折断线、波浪线等，每种线型（除折断线、波浪线外）又有粗、中、细三种不同的线宽。在建筑工程图样中图线的线型、线宽及其作用见表 1-2。

表 1-2　工程制图中图线的线型、线宽及其作用

名称		线型	线宽	一般用途
实线	粗		b	主要可见轮廓线
	中粗		$0.7b$	可见轮廓线、变更云线
	中		$0.5b$	可见轮廓线、尺寸线
	细		$0.25b$	图例填充钱、家具线

名称		线型	线宽	一般用途
虚线	粗	━ ━ ━ ━	b	见各有关专业制图标准
	中粗	— — — — —	$0.7b$	不可见轮廓线
	中	— — — — —	$0.5b$	不可见轮廓线、图例线
	细	— — — — —	$0.25b$	图例填充线、家具线
单点长画线	粗	━ · ━ · ━	b	见各有关专业制图标准
	中	— · — · —	$0.5b$	见各有关专业制图标准
	细	— · — · —	$0.25b$	中心线、对称线、轴线等
双点长画线	粗	━ · · ━ · · ━	b	见各有关专业制图标准
	中	— · · — · · —	$0.5b$	见各有关专业制图标准
	细	— · · — · · —	$0.25b$	假想轮廓线、成型前原始轮廓线
折断线	细	∿	$0.25b$	断开界线
波浪线	细	∼∼∼∼	$0.25b$	断开界线

2. 线宽

图线的宽度可从表 1-3 中选用。

表 1-3　线宽组　　　　　　　　（单位：mm）

线宽比	线宽组			
b	1.1	1.0	0.7	0.5
$0.7b$	1.0	0.7	0.5	0.35
$0.5b$	0.7	0.5	0.35	0.25
$0.25b$	0.35	0.25	0.18	0.13

注：1. 需要缩微的图纸，不宜采用 0.18 mm 及更细的线宽。

　　2. 同一张图纸内，各不同线宽中的细线，可统一采用较细的线宽组的细线。

图纸的图框线和标题栏的图线可选用表 1-4 所示的线宽。

表 1-4　图框线和标题栏线的宽度　　　　　　　（单位：mm）

幅面代号	图框线	标题栏外框线	标题栏分格线
A0、A1	b	$0.5b$	$0.25b$
A2、A3、A4	b	$0.7b$	$0.35b$

3. 图纸的画法规定

(1)在同一张图纸中，相同比例的各图样，应选用相同的线宽组。

(2)相互平行的图例线，其净间隙或线中间隙不宜小于 0.2 mm。

(3)虚线、单点长画线或双点长画线的线段长度和间隔，宜各自相等。

(4)单点长画线或双点长画线，当在较小图形中绘制有困难时，可用实线代替。

(5)单点长画线或双点长画线的两端，不应采用点，点画线与点画线交接或点画线与其他图线交接时，应采用线段交接。

(6) 虚线与虚线交接或虚线与其他图线交接时,应采用线段交接。虚线为实线的延长线时,不得与实线相接。

(7) 图线不得与文字、数字或符号重叠、混淆,不可避免时,应首先保证文字的清晰。

上述的规定如图 1-9 所示。

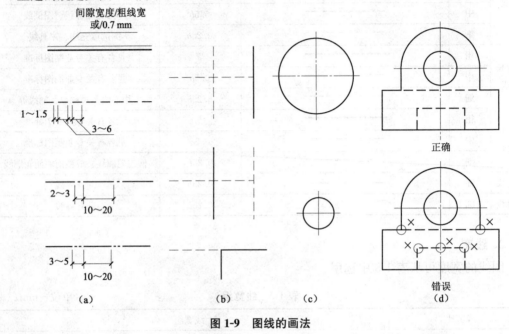

图 1-9　图线的画法

1. 字体的一般要求

图样及说明中的汉字,宜采用 True type 字体中的宋体字型,采用矢量字体时应为长仿宋体字型。长仿宋体字的宽度与高度的关系应符合表 1-5 的规定。

表 1-5　长仿宋体字的高宽关系　　　　　　　　　（单位:mm）

字高	20	14	10	7	5	3.5
字宽	14	10	7	5	3.5	2.5

长仿宋体字的书写要领是横平竖直、起落分明、笔锋满格、结构匀称、间隔均匀、排列整齐、字体端正。

2. 字体的具体规定

文字的字高,应从表 1-6 中选用。字高大于 10 mm 的文字宜采用 True type 字体,如需书写更大的字,其高度应按 $\sqrt{2}$ 的倍数递增。

表 1-6　文字的字高　　　　　　　　　（单位:mm）

字体种类	汉字矢量字体	True type 字体及非汉字矢量字体
字高	3.5、5、7、10、14、20	3、4、6、8、10、14、20

(1)汉字应写成长仿宋体字，并应采用中华人民共和国国务院正式公布推行的《汉字简化方案》中规定的简化字。汉字的高度 h 不应小于 3.5 mm。

(2)字母和数字分斜体和直体两种。斜体字的字体头部向右倾斜 15°。字母和数字各分 A 型和 B 型两种字体。A 型字体的笔画宽度为字高的 1/14，B 型为 1/10。

3. 汉字举例

汉字举例如图 1-10 所示。

10号字　字体工整　笔画清楚　间隔均匀　排列整齐

7号字　横平竖直　注意起落　结构均匀　填满方格

5号字　技术制图　机械电子　汽车船舶　土木建筑

3.5号字　螺纹齿轮　航空工业　施工排水　供暖通风　矿山港口

图 1-10　汉字举例

4. 字母和数字

图样及说明中的字母、数字，宜优先采用 True type 字体中的 Roman 字型，书写规则应符合表 1-7 的规定。字母及数字，当需写成斜体字时，其斜度应是从字的底线逆时针向上倾斜 75°。斜体字的高度和宽度应与相应的直体字相等。

表 1-7　字母及数字的书写规则

书写格式	字体	窄字体
大写字母高度	h	h
小写字母高度(上下均无延伸)	$7/10h$	$10/14h$
小写字母伸出的头部或尾部	$3/10h$	$4/14h$
笔画宽度	$1/10h$	$1/14h$
字母间距	$2/10h$	$2/14h$
上下行基准线的最小间距	$15/10h$	$21/14h$
词间距	$6/10h$	$6/14h$

字母与数字的字高，不应小于 2.5 mm。数量的数值注写，应采用正体阿拉伯数字。各种计量单位凡前面有量值的，均应采用国家颁布的单位符号注写。单位符号应采用正体字母。分数、百分数和比例数的注写，应采用阿拉伯数字和数学符号，例如：四分之三、百分之二十五和一比二十应分别写成 $\frac{3}{4}$、25％和 1：20。当注写的数字小于 1 时，应写出个位的"0"，小数点应采用圆点，齐基准线书写，例如 0.01。

字母与数字的书写如图 1-11 所示。

ABCDEFGHIJKLMNO
PQRSTUVWXYZ
abcdefghijklmnopq
rstuvwxyz
1234567890 IVXØ
ABCabc1234 IVX 75°

图 1-11　字母与数字的书写

1.1.5　比例

图样比例是指图形与实物相对应的线性尺寸之比，它是线段之比而不是面积之比，即

$$比例＝\frac{图形画出的长度（图距）}{实物相应部位的长度（实距）}$$

图样比例的作用是为了将建筑结构和装饰结构不变形地缩小或放大在图纸上。比例的符号为"："，比例应用阿拉伯数字表示，如 1：1、1：2、1：10 等。1：10 表示图纸所画物体缩小为实体的 1/10，1：1 表示图纸所画物体与实体一样大。比例宜注写在图名的右侧，字的基准线应取平；比例的字高宜比图名的字高小一号或二号（图 1-12）。

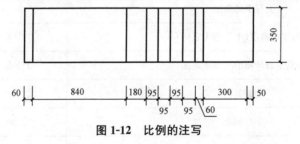

图 1-12　比例的注写

绘图所用的比例，应根据图样的用途与被绘对象的复杂程度，从表 1-8 中选用，并应优先用表中常用比例。

表 1-8　绘图所用的比例

常用比例	1：1、1：2、1：5、1：10、1：20、1：30、1：50、1：100、1：150、1：200、1：500、1：1 000、1：2 000
可用比例	1：3、1：4、1：6、1：15、1：25、1：40、1：60、1：80、1：250、1：300、1：400、1：600、1：5 000、1：10 000、1：20 000、1：50 000、1：100 000、1：200 000
注：无论采用何种比例绘图，尺寸数值均按原值标注，与绘图的准确程度及所用比例无关。	

一般情况下，一个图样应选用一种比例。根据专业制图需要，同一图样可选用两种比例。特殊情况下也可自选比例，这时除应注出绘图比例外，还必须在适当位置绘制出相应的比例尺。需要缩微的图纸应绘制比例尺。

1.1.6 尺寸标注

图样上的尺寸，应包括尺寸界线、尺寸线、尺寸起止符号和尺寸数字。具体要求如图 1-13 所示。

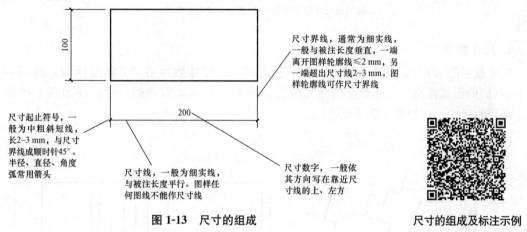

尺寸线，通常为细实线，一般与被注长度垂直，一端离开图样轮廓线≤2 mm，另一端超出尺寸2~3 mm。图样轮廓线可作尺寸界线

尺寸起止符号，一般为中粗斜短线，长2~3 mm，与尺寸界线成顺时针45°。半径、直径、角度弧常用箭头

尺寸线，一般为细实线，与被注长度平行。图样任何图线不能作尺寸线

尺寸数字，一般依其方向写在靠近尺寸线的上、左方

图 1-13 尺寸的组成

尺寸的组成及标注示例

1. 尺寸界线

尺寸界线应用细实线绘制，应与被注长度垂直，其一端应离开图样轮廓线不小于 2 mm，另一端宜超出尺寸线 2~3 mm。图样轮廓线可用作尺寸界线，如图 1-14 所示。

(专业)	(实名)	(签名)	(日期)

| 25 | 25 | 25 | 25 |

图 1-14 尺寸界线

2. 尺寸线

尺寸线应用细实线绘制，应与被注轮廓线平行，两端宜以尺寸界线为边界，也可超出尺寸界线 2~3 mm。图样本身的任何图线均不得用作尺寸线，如图 1-15 所示。

3. 尺寸起止符号

尺寸起止符号应用中粗斜短线绘制，其倾斜方向应与尺寸界线成顺时针 45°角，长度宜为 2~3 mm。轴测图中用小圆点表示尺寸起止符号，小圆点直径 1 mm[图 1-16(a)]。半径、直径、角度与弧长的尺

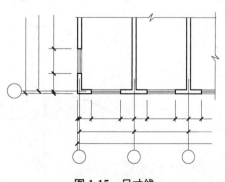

图 1-15 尺寸线

寸起止符号，宜用箭头表示，箭头宽度 b 不宜小于 1 mm[图 1-16(b)]。

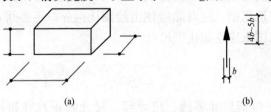

图 1-16　尺寸起止符号

(a)轴测图尺寸起止符号；(b)箭头尺寸起止符号

4. 尺寸数字

尺寸数字的方向应按图 1-17(a)的规定注写。若尺寸数字在 30°斜线区内，也可按图 1-17(b)的形式注写。尺寸数字的注写位置如图 1-18 所示，直径的尺寸标注如图 1-19 所示，半径的尺寸标注如图 1-20 所示。

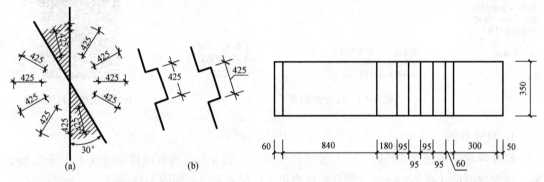

图 1-17　尺寸数字的注写方向　　　　**图 1-18　尺寸数字的注写位置**

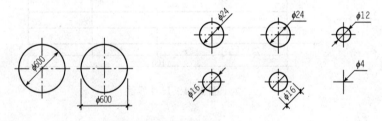

图 1-19　直径的尺寸标注

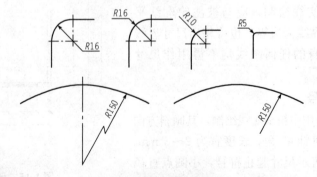

图 1-20　半径的尺寸标注

1.2 掌握绘图工具使用方法

1.2.1 绘图工具

1. 图板

图板用来固定图纸，一般用胶合板制作，四周镶硬质木条。图板的规格尺寸有 0 号（900 mm×1 200 mm）、1 号（600 mm×900 mm）和 2 号（450 mm×600 mm）三种。图板样式如图 1-21 所示。

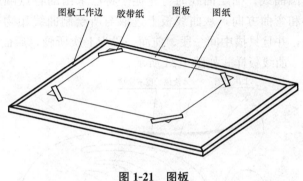

图板工作边　胶带纸　图板　图纸

图 1-21　图板

2. 丁字尺

丁字尺使用时，必须随时注意尺头工作边（内侧面）是否与图板工作边靠紧。画水平线要用尺身的工作边（上边缘），使用完毕应悬挂放置，以免尺身弯曲变形。丁字尺及其使用如图 1-22 所示。

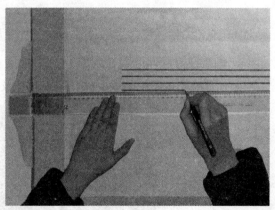

图 1-22　丁字尺

3. 三角板

一副三角板由 45°和 30°、60°两块组成。L 为其规格尺寸。三角板样式如图 1-23 所示。

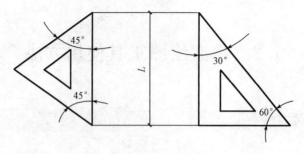

图 1-23　三角板

4. 曲线板

曲线板用来画非圆曲线。描绘曲线时，先徒手将已求出的各点顺序轻轻地连成曲线，再根据曲线曲率大小和弯曲方向，从曲线板上选取与所绘制曲线相吻合的一段与其贴合，每次至少对准四个点，并且只描中间一段，前面一段为上次所画，后面一段留待下次连接，以保证连接光滑流畅。曲线板样式如图 1-24 所示。

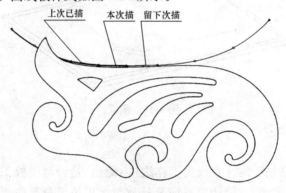

图 1-24　曲线板

1. 圆规及其附件

圆规是绘图仪器中的主要件，用来画圆及圆弧。圆规样式如图 1-25 所示。

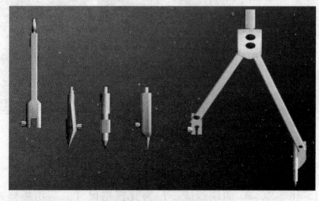

图 1-25　圆规

2. 分规

分规的形状与圆规相似，只是两腿均装有尖锥形钢针，既可用它量取线段的长度，也可用它等分直线段或圆弧。分规样式如图1-26所示。

3. 建筑模板

为了提高制图速度和质量，将图样上常用的符号、图形刻在有机玻璃板上，做成模板，方便使用。模板的种类很多，如建筑模板、家具模板、结构模板、给水排水模板等。建筑模板如图1-27所示。

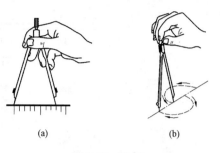

图1-26　分规

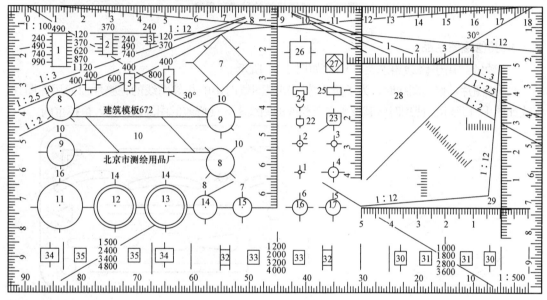

图1-27　建筑模板

1.2.3　绘图用品

常用的绘图用品有绘图纸、绘图铅笔、橡皮、擦图片、刀片、砂纸、胶带纸等。

1. 绘图纸

绘图纸要求纸面洁白、质地坚实，橡皮擦拭不易起毛，画墨线时不洇透。绘图时应鉴别正反面，使用正面。

为方便作图，应将图纸贴在图板左下角一些，并用丁字尺校正底边。绘图纸的使用如图1-28所示。

2. 绘图铅笔

绘图铅笔有软硬之分，分别有 B，2B，…，6B 及 H，2H，6H 及 HB 等。此外，由于铅笔软硬程度的不同，其用途也大不相同。铅笔通常应削成锥形或扁平形，铅芯长为 6～8 mm，上面锥形部分为 20～

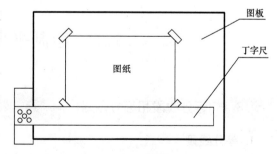

图1-28　绘图纸的使用

25 mm。绘图时，应使铅笔垂直纸面，向运动方向倾斜75°，如图1-29所示。

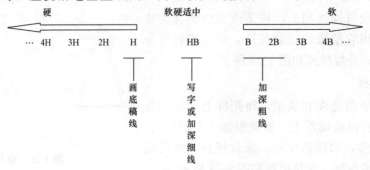

图1-29 绘图铅笔的种类和用途

3. 其他绘图用品

（1）砂纸：用于修磨铅芯头，图样如图1-30所示。

（2）擦图片：修改图线时，为了防止擦除错误图线时影响相邻图线的完整性而使用擦图片，样式如图1-31所示。使用时将其覆盖在要修改的图线上，使修改的图线露出来，擦掉重画。

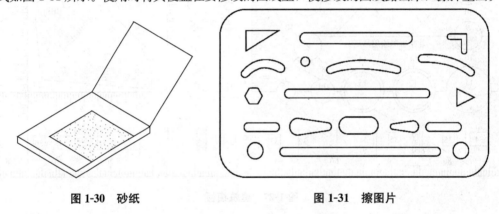

图1-30 砂纸　　　　　**图1-31 擦图片**

（3）橡皮：应选用白色软橡皮。

（4）墨水：碳素墨水不易凝结，适用于绘图墨水笔；绘图墨水干得较快，适用于直线笔。

（5）刀片：用于削铅笔和修改图纸上的墨线。

（6）胶带纸：用于固定图纸。

1.3　绘制平面几何图形

1.3.1　等分线段和等分圆周

1. 等分线段

等分线段就是将一已知线段分成需要的份数。

若该线段能被等分数整除可直接用三角板将其等分。如果不能整除，则可采用作辅助线的方法等分。

【例 1-1】 试用辅助线法将 AB 线段 9 等分。其作法如图 1-32 所示。

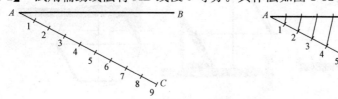

图 1-32 线段 9 等分

2. 等分圆周

将一圆分成所需要的份数即等分圆周。

作正多边形的一般方法是先作出正多边形的外接圆然后将其等分，因此，等分圆周的作图包含着作正多边形的问题。作图时可以用三角板、丁字尺配合等分，也可用圆规等分，在实际作图时采用方便快捷的方法即可。

较常用的等分有三等分、五等分、六等分等，下面分别予以介绍。

（1）三等分：用圆规作三等分的方法如图 1-33 所示。

（2）五等分：用圆规作五等分的方法如图 1-34 所示。

图 1-33 圆规三等分法

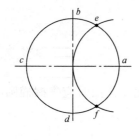 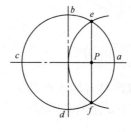 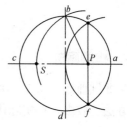

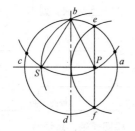 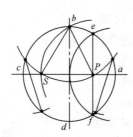 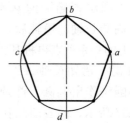

图 1-34 圆规五等分法

（3）六等分：

1）用丁字尺、三角板作六等分的方法如图 1-35 所示（因作图原理简单，故略去作图步骤说明）。

2）用圆规作六等分的方法如图 1-36 所示。

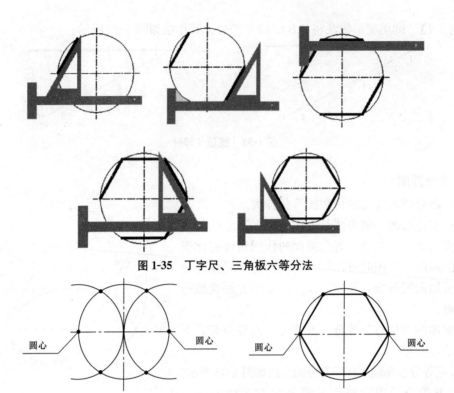

图 1-35　丁字尺、三角板六等分法

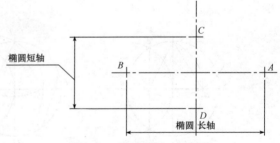

圆心　　　　　　　　　圆心　　　　　　　圆心　　　　　　　　圆心

图 1-36　圆规六等分法

1.3.2　椭圆画法

椭圆是非圆曲线，由于一些机件具有椭圆形结构，因此在作图时应掌握椭圆的画法。画椭圆的方法比较多，在实际作图中常用的有同心圆法和四心法。

1. 同心圆法

用同心圆法画椭圆的基本方法是，在确定了椭圆长轴、短轴后，通过作图求得椭圆上的一系列点再将其光滑连接。

【例 1-2】　已知长轴 AB、短轴 CD，试用同心圆法作出椭圆。椭圆长轴、短轴如图 1-37 所示。同心圆法作图步骤如图 1-38 所示。

椭圆短轴

椭圆长轴

图 1-37　椭圆长轴、短轴图

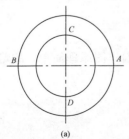

(a)

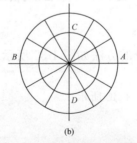

(b)

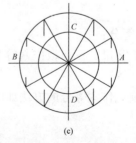

(c)

图 1-38　同心圆法作图步骤

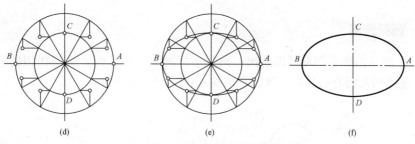

(d)　　　　　　　　(e)　　　　　　　　(f)

图 1-38　同心圆法作图步骤(续)

2. 四心法

四心法即采用四段圆弧来代替椭圆曲线，由于作图时应先求出这四段圆弧的圆心，故将此方法称为四心法。

【例 1-3】　已知长轴 AB、短轴 CD(图 1-39)，试用四心法作出椭圆。

作图步骤(图 1-40)说明如下：

(1)作垂直相交的两条直线，相交点定为 O 点，并在两直线上面确定 A、B、C、D 四个点，AB 为长轴，CD 为短轴。

(2)连接线段 BC，以 O 为圆心、OB 的长为半径画圆，交 CD 线于 E 点。

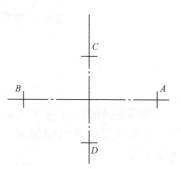

图 1-39　已知长轴、短轴

(3)以 C 为圆心、CE 的长为半径画圆，交 BC 线于 F 点。

(4)分别以 F 为圆心、BF 的长为半径画圆，得两圆上下交点；连接两圆弧的交点，交 AB 轴于 1 点，交 CD 轴于 2 点。

(5)以 O 为圆心、以 $O1$ 的长在 OA 中画出 3 点；过 3 点作 12 线的平行线，交 CD 线于 4 点。

(6)以 1 为圆心、$1B$ 的长为半径画圆，交 12 和 14 直线形成交点；以 3 为圆心，$3A$ 的长为半径画圆，交 23 和 34 直线形成交点；以 2 为圆心、$2C$ 的长为半径画圆，交 14 和 34 直线形成交点；以 4 为圆心、$4D$ 的长为半径画圆交 13 和 23 直线形成交点。

(7)用曲线连接第(6)步形成的交点以及 A、B、C、D 四点得对应椭圆。擦掉作图痕迹，加深椭圆轮廓线，即完成椭圆作图。

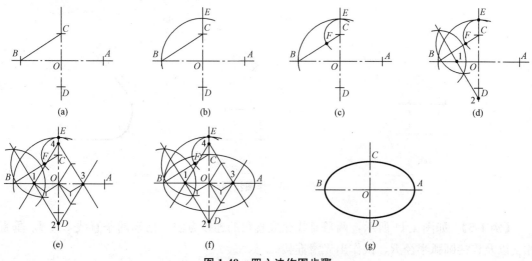

(a)　　　　　(b)　　　　　(c)　　　　　(d)

(e)　　　　　(f)　　　　　(g)

图 1-40　四心法作图步骤

从图 1-41 所示的扳手图形可以看出，圆弧连接的实质是几何要素间相切的关系。作图时需要确定连接圆弧圆心的位置及准确定出切点（连接点）的位置。

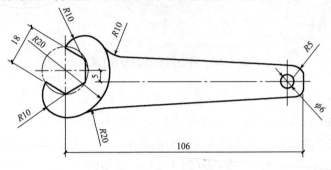

图 1-41　扳手的图形

圆弧连接的形式有用圆弧连接两已知直线、用圆弧连接两已知圆弧、用圆弧连接直线和圆弧。

1. 用圆弧连接两已知直线

【例 1-4】　已知两条直线 L_1、L_2 以及连接圆弧半径 R，试作出连接，如图 1-42 所示。

作图步骤如图 1-43 所示（两条直线交成钝角的作图方法也一样）。

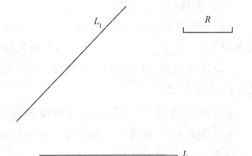

图 1-42　例 1-4 图

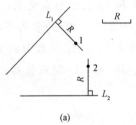

(a)

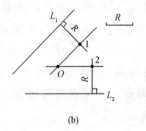

(b)

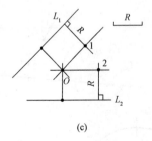

(c)

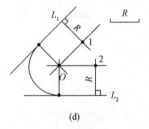

(d)

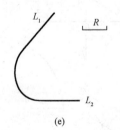

(e)

图 1-43　作图步骤

【例 1-5】　如图 1-44 所示，两条直线交成直角的连接方法。已知两条直线 L_1、L_2 垂直相交以及连接圆弧半径 R，试作出光滑连接。

作图步骤如图 1-45 所示。

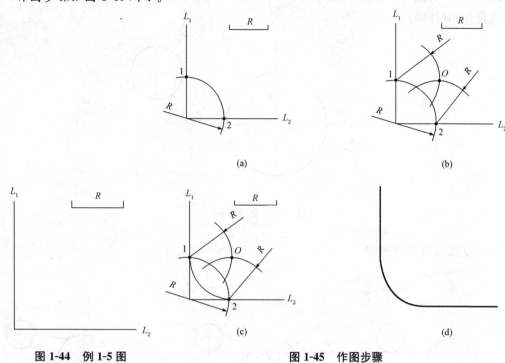

图 1-44 例 1-5 图   图 1-45 作图步骤

2. 用圆弧连接两已知圆弧

用圆弧连接两已知圆弧作图依据的是几何中两圆相切的基本关系。圆与圆相切可分为内切和外切。

（1）两圆内切（图 1-46）：

1）两圆中心距等于两圆的半径之差；

2）中心距：$A=R_1-R_2$；

3）两圆心连线的延长线和圆的交点即切点。

（2）两圆外切（图 1-47）：

1）两圆中心距等于两圆的半径之和；

2）中心距：$A=R_1+R_2$；

3）两圆心连线和圆的交点即切点。

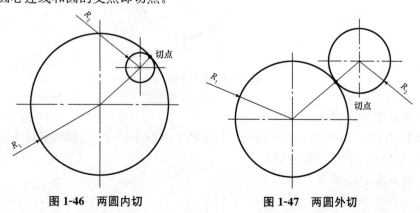

图 1-46 两圆内切   图 1-47 两圆外切

【例 1-6】　如图 1-48 所示，已知圆 O_1（半径 R_1）、O_2（半径 R_2）连接圆弧的半径为 R，试完成连接作图（外切）。

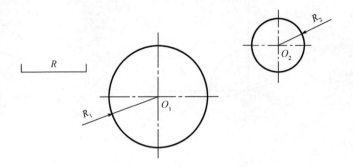

图 1-48　例 1-6 图

作图步骤如图 1-49 所示。

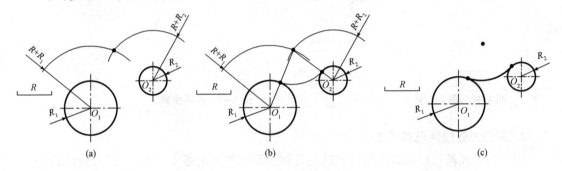

图 1-49　作图步骤

【例 1-7】　如图 1-50 所示，已知圆 O_1（半径 R_1）、O_2（半径 R_2）连接圆弧的半径为 R，试完成连接作图（内切）。

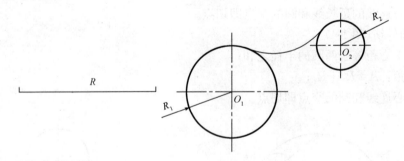

图 1-50　例 1-7 图

作图步骤如图 1-51 所示。

【例 1-8】　如图 1-52 所示，已知圆 O_1（半径 R_1）、O_2（半径 R_2）连接圆弧的半径为 R，试完成连接作图（与 O_1 外切、O_2 内切）。

作图步骤如图 1-53 所示。

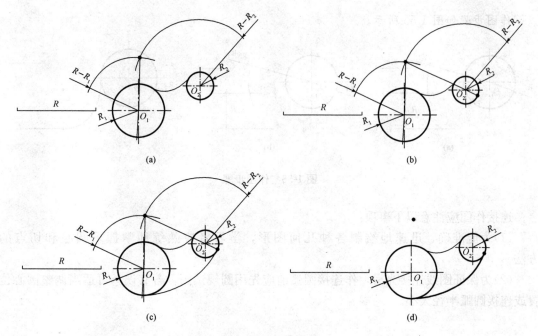

图 1-51　作图步骤

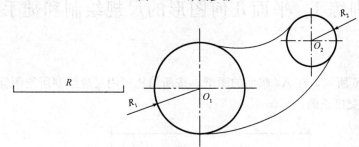

图 1-52　例 1-8 图

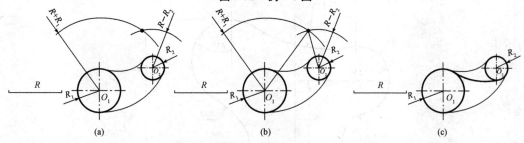

图 1-53　作图步骤

3. 用圆弧连接直线和圆弧

连接直线和圆弧的作图方法同前面介绍的两种连接方法类似，即分别按照连接直线和圆弧的方法求出圆心和切点。

【例 1-9】　如图 1-54 所示，已知一直线和圆 O_1（半径 R_1）连接圆弧半径为 R，试作出光滑连接（与圆切）。

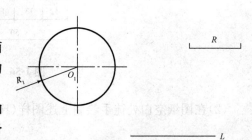

图 1-54　例 1-9 图

作图步骤如图 1-55 所示。

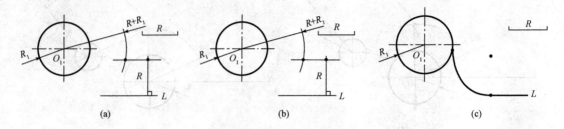

图 1-55　作图步骤

连接作图应注意以下事项：

(1)为能准确、迅速地绘制各种几何图形，学习者应熟练地掌握求圆心和切点的方法。

(2)为保证图线连接光滑，作连接圆弧前应先用圆规试画，若有误差可适当调整圆心位置或连接圆弧半径大小。

任务训练 1　平面几何图形的尺规绘制和徒手绘制

1. 任务描述

(1)如图 1-56 所示，在 A4 幅面的图纸，按所给比例用尺规绘制所给图样。要求连接光滑、粗细分明、交接正确。

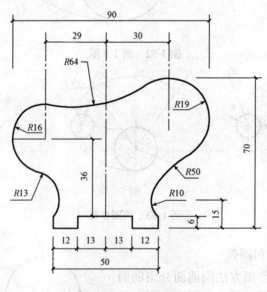

图 1-56　徒手轮廓 1：1

(2)在图纸空白处徒手绘制上述图样(比例不限)。

2. 任务提示

(1)尺规绘制时,可按项目引入1的绘图流程开展任务。

(2)徒手绘制时,无须按尺寸绘制。

本章小结

通过本章的学习,了解本课程的地位和作用,能够正确使用绘图工具;掌握房屋建筑制图图线标准;掌握绘制平面几何图形的方法。

思考与练习

一、单项选择题(在每个小题的备选答案中,只有一个符合题意。)

1. 现行标准《房屋建筑制图统一标准》(GB/T 50001—2017)的代号"GB/T"的含义是( )。

A. 强制性国家标准 B. 强制性行业标准

C. 推荐性国家标准 D. 推荐性行业标准

2. 建筑施工图样上的尺寸,除标高和总平面图外,均应以( )为单位。

A. 米(m) B. 分米(dm)

C. 厘米(cm) D. 毫米(mm)

3. A0 号幅面的图纸其尺寸为( )mm。

A. 1 189×841 B. 1 000×800

C. 841×594 D. 594×420

4. 某图形图名的字高采用 10 mm,则位于其右侧的比例字高宜为( )mm。

A. 9 B. 8

C. 7 D. 6

5. 下列不是建筑平面图常用比例的是( )。

A. 1∶50 B. 1∶100

C. 1∶150 D. 1∶200

6. 在土建工程图中,细点画线一般表示( )。

A. 剖面线 B. 定位轴线

C. 可见轮廓线 D. 假想轮廓线

7. 中粗线是介于粗线和中线之间的图线线宽,其线宽值为( )。

A. 0.35b B. 0.7b

C. 0.75b D. 1.0b

8. 当虚线与单点长画线相交时,下列说法正确的是( )。

A. 应交在画线处 B. 应交在空隙处

C. 应交在单点长画线的点上 D. 以上均不正确

9. 图样上的尺寸大小应为物体的( )。

A. 细部尺寸 B. 轮廓尺寸

C. 绘图尺寸 D. 实际尺寸

10. 关于尺寸标注中尺寸线的说法，下列错误的是(　　)。

A. 尺寸线必须单独画出，不能用其他图线代替

B. 标注线性尺寸时，尺寸线必须与所注的尺寸方向平行

C. 尺寸线不能画在其他图线的延长线上

D. 当有几条相互平行的尺寸线时，大尺寸要注写在小尺寸的里面

11. 对于倾斜的线性尺寸的标注的说法，下列错误的是(　　)。

A. 倾斜方向的尺寸数字字头要有保持朝上的趋势

B. 应尽量避免在斜线 30°范围内注写尺寸

C. 在斜线 30°范围内注写尺寸时，可将尺寸线断开，水平书写尺寸数字

D. 在斜线 30°范围内注写尺寸时，尺寸数字要随着尺寸线一起倾斜

二、多项选择题(在每个小题的备选答案中，有两个或两个以上符合题意。)

1. 下列是建筑总平面图的常用比例的是(　　)。

A. 1∶500　　　　　　　　　　　　　B. 1∶1 000

C. 1∶1 500　　　　　　　　　　　　D. 1∶2 000

E. 1∶5 000

2. 关于图线的应用，下列说法错误的是(　　)。

A. 形体的主要可见轮廓线用中粗实线表示

B. 图例填充线用细实线表示

C. 形体的不可见轮廓线用中虚线表示

D. 断开界线用中波浪线表示

E. 断开界线用细折断线表示

3. 关于图线的画法，下列画法错误的是(　　)。

A. 　　　　　　　　　　　　　　　B.

C. 　　　　　　　　　　　　　　　D.

E.

4. 一个完整的线性尺寸标注应包含(　　)。

A. 尺寸界线　　　　　　　　　　　B. 尺寸箭头

C. 尺寸数字　　　　　　　　　　　D. 尺寸起止符号

E. 尺寸线

5. 关于尺寸标注中尺寸界线的画法，下列说法正确的是(　　)。

A. 应用细实线画出

B. 一端应离开图样轮廓线不应小于 2 mm

C. 另一端宜超出尺寸线 2~3 mm

D. 图样轮廓线、中心线不可用作尺寸界线

E. 尺寸界线应与尺寸线成 45°角

6. 关于尺寸标注的画法，下列画法错误的是(   )。

A.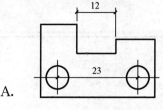

B.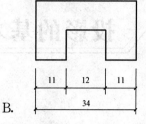

C.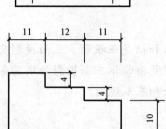

D.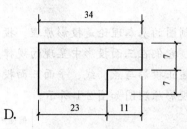

E.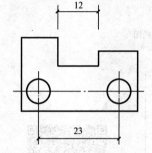

第2章

投影的基本知识

导读

建筑制图的基本理论是投影原理。投影原理的基本知识是正投影、三面投影及点、线、平面投影。它们在三面投影中呈现的规律是进一步掌握复杂物体三面投影必须具备的知识。本章只讲述正投影与点、线、平面三面投影的基本概念和基本规则。

三面投影原理图如图 2-1 所示。

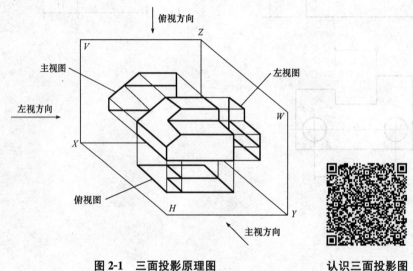

俯视方向

主视图

左视图

左视方向

俯视图

主视方向

图 2-1 三面投影原理图

认识三面投影图

知识目标

1. 掌握投影原理的基本概念。
2. 掌握点、线、平面投影的基本概念。
3. 掌握绘制点、线、平面投影的基本规则。

技能目标

1. 通过训练，在头脑里建立起正投影和点、线、平面投影的空间想象力。
2. 具有使用绘图工具进行点、线、平面投影的精确绘制能力。
3. 具有徒手进行点、线、平面投影的绘制能力。

项目引入 2　平面体三面投影图的绘制

项目说明

1. 项目描述

根据图 2-2 所示，绘制出相应的三面投影图，作图要求视图布局合理、投影正确、线型明确、线宽分明、整洁美观。

2. 工具

画图板、A4 纸、丁字尺、直尺、三角板、圆规、2B 铅笔、橡皮擦。

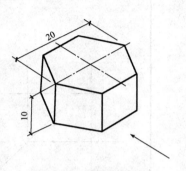

图 2-2　正六棱柱立体图

教学目标

正六棱柱的三面投影项目引入的教学目标是为学习者做一个学习示范，展示正六棱柱的三面投影图的绘制，掌握空间几何元素的投影关系，培养学习者从立体实物到平面图形思维转换的能力。

工作任务

1. A4 图纸和标题栏的绘制。
2. 正六棱柱三面投影图的绘制（箭头方向为 V 面投影的方向）。
3. 尺寸的标注及填写标题栏和会签栏。

项目实施

1. A4 图纸和标题栏的绘制如图 2-3 所示。

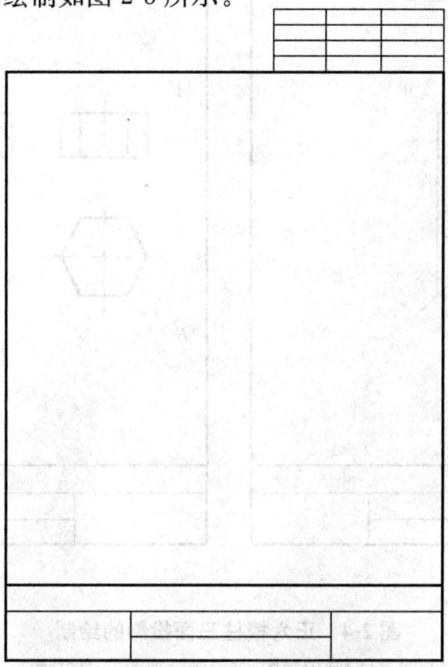

图 2-3　A4 图纸和标题栏

2. 正六棱柱三面投影图的绘制如图 2-4 所示。

3. 尺寸的标注及填写标题栏和会签栏，完成图纸，如图 2-4(e)所示。

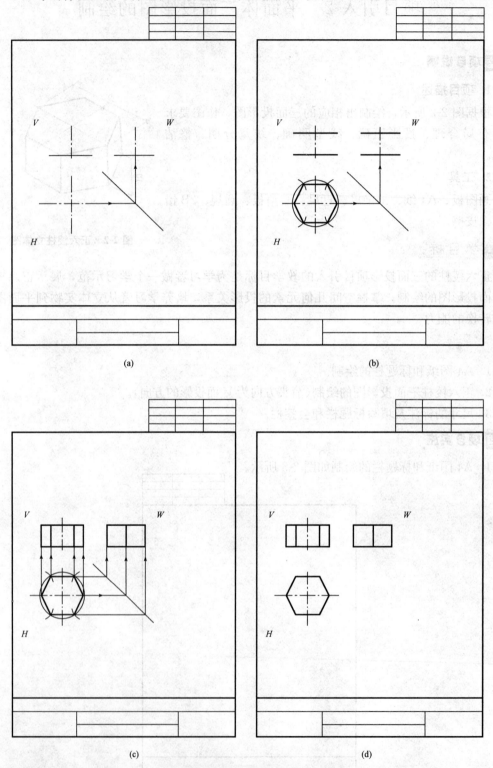

图 2-4 正六棱柱三面投影的绘制

(a)布局：画中心线；(b)画俯视图；(c)画三视图（三等关系）；(d)检查加深

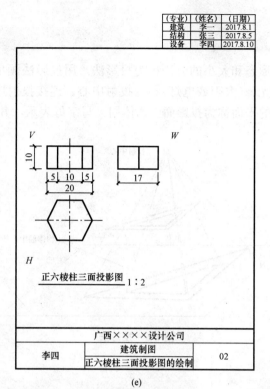

(专业)	(姓名)	(日期)
建筑	李一	2017.8.1
结构	张三	2017.8.5
设备	李四	2017.8.10

正六棱柱三面投影图 1:2

广西××××设计公司		
李四	建筑制图	02
	正六棱柱三面投影图的绘制	

(e)

图2-4　正六棱柱三面投影的绘制(续)

(e)完成绘制

2.1　投影概述

2.1.1　投影的基本概念

在日常生活中，太阳光或灯光照射到物体，物体就会在墙面或地面出现影子，如图2-5(a)所示。影子是一种自然现象，将影子进行几何抽象所得的平面图形，称为物体的投影，如图2-5(b)所示。

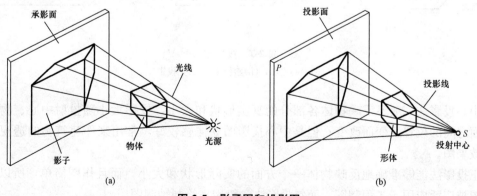

图2-5　影子图和投影图

(a)影子图；(b)投影图

用投影表示物体的形态和大小的方法称为投影法。用投影法画出的物体图形称为投影图。在制图过程中，将光源（太阳或电灯）称为投射中心。连接投射中心和形体上点的直线称为投射线。接收投影的平面称为投影面。物体用大写字母表示，其投影用小写字母表示，如图 2-6 所示。

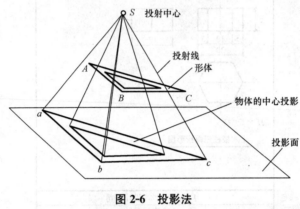

图 2-6　投影法

根据投射线的类型，投影法可分为中心投影法和平行投影法。平行投影法又可分为正投影法和斜投影法。由一点放射的投射线所产生的投影称为中心投影；由相互平行的投射线所产生的投影称为平行投影。平行投射线倾斜于投影面的称为斜投影；平行投射线垂直于投影面的称为正投影，如图 2-7 所示。

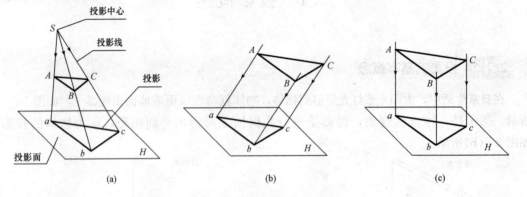

图 2-7　投影法
（a）中心投影；（b）斜投影；（c）正投影

中心投影法一般不反映物体各部分的真实形状和大小，投影大小随投射中心、物体和投影面之间的位置改变而改变；但是中心投影图立体感较好，常用来作建筑物的透视图和产品效果图。

正投影法能够准确地反映物体一个方面的实际形状和大小，而且作图简单，所以，正投影图被广泛应用于工程制图，而斜投影法一般用来绘制轴测图。

2.2　正投影的特征

当线段和平面图形平行于投影面时，其投影能反映实长或实形，这种投影特性称为显实性。正投影的显实性如图 2-8 所示。

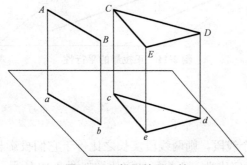

图 2-8　正投影的显实性

当线段和平面图形倾斜于投影面时，其投影短于实长或小于实形，但与空间图形类似，这种投影特性称为类似性。正投影的类似性如图 2-9 所示。

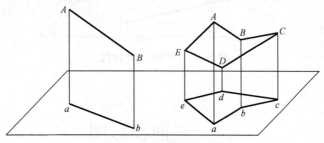

图 2-9　正投影的类似性

当线段和平面图形垂直于投影面时，其投影积聚为一点或一直线段，这种投影特性称为积聚性。正投影的积聚性如图 2-10 所示。

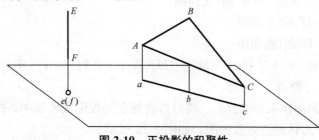

图 2-10　正投影的积聚性

当空间两线段(或平面)相互平行时，其在投影面上仍能保持平行，这种投影特性称为平行性。正投影的平行性如图2-11所示。

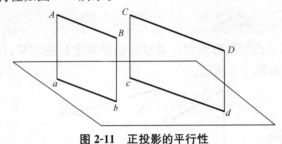

图 2-11　正投影的平行性

空间点将直线分成两个线段，则两线段实长之比等于它们投影长度之比，即 $AB:BC=ab:b$，这种投影特性称为定比性。正投影的定比性如图 2-12 所示。

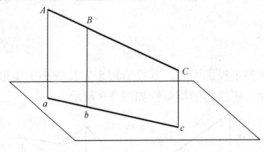

图 2-12　正投影的定比性

2.3　三面投影图

(1)三投影面体系——由三个互相垂直的投影面组成，如图 2-13 所示。

1)投影面：正立投影面——V 面(正面图)。

水平投影面——H 面(平面图)。

侧立投影面——W 面(侧面图)。

2)投影轴：OX 轴——$V×H$；OY 轴——$H×W$；OZ 轴——$V×W$。

3)原点：O 点——原点。

(2)形体在三投影面体系中的投影。将形体放置在三投影面体系中，按正投影法向各投影面投影，则形成了形体的三面投影图，如图 2-14 所示。

三面投影图（三视图）：正立面投影图（正面图）——主视图；水平面投影图（平面图）——俯视图；侧立面投影图（侧面图）——左视图。

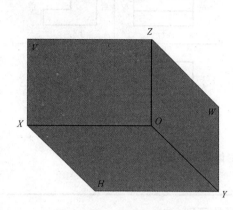

图 2-13　三投影面体系

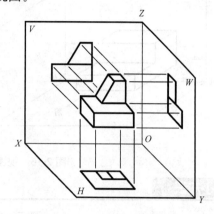

图 2-14　形体的三面投影图

（3）三面投影图的展开。规定正面 V 不动，将水平面 H 绕 OX 轴向下旋转 $90°$，侧面 W 绕 OZ 轴向右旋转 $90°$，就得到如图 2-15 所示的在同一平面上的三个视图。

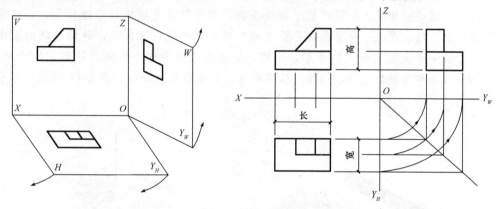

图 2-15　形体三个视图

2.3.2　三面投影图的投影规律

1. 三面投影图的基本规律（三等关系）

正面图与平面图长对正；正面图与侧面图高平齐；平面图与侧面图宽相等。这种关系称为三面投影图的投影规律，也称为三等关系。投影规律是正投影中最重要的投影特征，是阅读和绘制正投影图的基本方法和重要依据。

2. 视图与形体的方位关系

（1）正面图反映形体的上、下和左、右，不反映前、后。

（2）平面图反映形体的前、后和左、右，不反映上、下。

（3）侧面图反映形体的上、下和前、后，不反映左、右。

视图与形体的方位关系如图 2-16 所示。

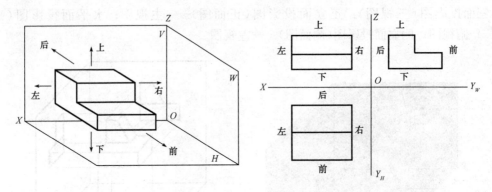

图 2-16　视图与形体的方位关系

小·知识

影子和投影的区别

　　在日常生活中，物体在灯光或日光的照射下，在墙面或地面上就会显现出该物体的影子，通过影子能看出物体的外形轮廓，但因为仅是一个黑影，也就是影子，所以它不能清楚表现物体的完整形象。

　　为了改善这种情况，不再将影子画成全黑，而是假定光线能够穿透物体，并使构成物体的点、线、面每一个要素在平面上都按照一定的规则来体现，并用清晰的图线表示，形成一个由图线组成的图形，这样，绘制出的图形称为物体在平面上的投影，相应的规则也称为投影规则，这些内容将在后面的章节进行介绍。图 2-17 所示为影子和投影的比较图。

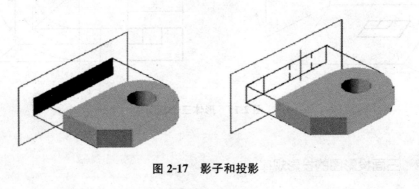

图 2-17　影子和投影

2.4　点的投影

2.4.1　点的三面投影规律

　　如图 2-18 所示，将空间点 A 置于三投影面体系中，自 A 点分别向三个投影面作垂线（即投射线），三个垂足就是点 A 在三个投影面上的投影。

(1)点A在H面的投影a，称为点A的水平投影；

(2)点A在V面的投影a'，称为点A的正面投影；

(3)点A在W面的投影a''，称为点A的侧面投影。

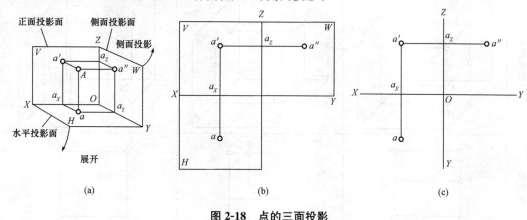

图 2-18　点的三面投影

2.4.2 两点的相对位置

两点的相对位置是指空间两个点的上下、左右、前后关系，在投影图中是以它们的坐标差来确定的。X轴反映的是左右关系，Y轴反映的是前后关系，Z轴反映的是上下关系。所以，两点的V面投影反映上下、左右关系；两点的H面投影反映左右、前后关系；两点的W面投影反映上下、前后关系。如图 2-19 所示，可确定B点在A点的左、下、后方。

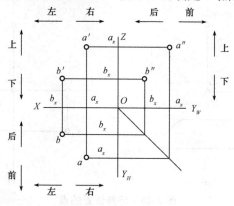

图 2-19　两点的相对位置

2.4.3 重影点及其投影的可见性

当空间两点位于同一投影线上时，它们在该投影面上的投影合为一点，这两点称为该投影面的重影点。假如A、B两点处在H面的同一投影线上，它们的水平面投影点a和b重影为一点，则空间点A、B称为水平投影面的重影点。

为了区分重影点的可见性，应将不可见点的投影写在可见点投影的后面并加注括号表示，见表 2-1。

表 2-1　重影点的可见性

项目	H 面上的重影点	V 面上的重影点	W 面上的重影点
空间状态	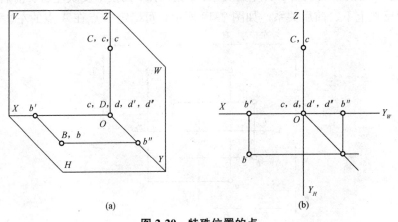		
投影面			

2.4.4　特殊位置点的投影

　　之前讲到的点都不在投影面上。实际上，一点可以位于投影面上，位于投影轴上，甚至与原点重合形成三种特殊位置的点，它们的投影可以恰好在投影轴上或与原点重合，如图 2-20 所示。

图 2-20　特殊位置的点
(a)空间状态；(b)投影图

2.5　直线的投影

2.5.1　直线表达的基本知识

　　(1)直线的表达：空间不重合的两个点可以确定一条空间直线。通常，直线可以取其上任意两个点的字母来标记，如直线 *MN*，也可以用一个字母来标记，如直线 *L*。直线上两点之间的一段，称为线段。线段有一定的长度，用它两个端点标记。

直线的投影一般仍为直线，特殊情况下可以积聚为一点（当直线垂直于投影面时）。

（2）倾角的表达：直线的方向可用直线相对于投影面的倾角表示，具体如下：

1）α 表示直线相对于投影面 H 面的倾角；

2）β 表示直线相对于投影面 V 面的倾角；

3）γ 表示直线相对于投影面 W 面的倾角。

投影作法：首先作出该直线上的任意两个点 A、B 的三面投影，然后将这两个点的同面投影连接起来，如图 2-21 所示。

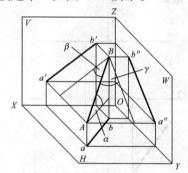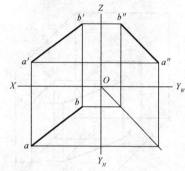

图 2-21　直线的投影

2.5.2　直线的投影规律

（1）真实性：直线平行于投影面时，其投影仍为直线，并且反映实长，这种性质称为真实性，如图 2-22（a）所示。

（2）积聚性：直线垂直于投影面时，其投影积聚为一点，这种性质称为积聚性，如图 2-22（b）所示。

（3）收缩性：直线倾斜于投影面时，其投影仍是直线，但长度缩短，不反映实长，这种性质称为收缩性，如图 2-22（c）所示。

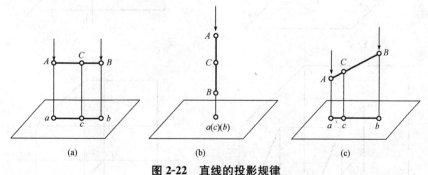

图 2-22　直线的投影规律
(a)真实性；(b)积聚性；(c)收缩性

2.5.3　直线在三面投影体系中的投影

空间直线按其相对于三个投影面的不同位置关系可分为投影面平行线、投影面垂直线和投影面倾斜线三种。前两种称为特殊位置直线；后一种称为一般位置直线。

1. 投影面平行线

(1)投影面平行线的空间位置。平行于一个投影面，而对另两个投影面倾斜的直线，称为投影面平行线。投影面平行线可分为水平线、正平线和侧平线，如图 2-23 所示。

1)水平线——平行于 H 面，而对 V 面和 W 面倾斜的直线；

2)正平线——平行于 V 面，而对 H 面和 W 面倾斜的直线；

3)侧平线——平行于 W 面，而对 H 面和 V 面倾斜的直线。

(2)投影面平行线的投影特点。投影面水平线的投影特点为一个投影反映实长并反映两个倾角的真实大小，另两个投影平行于相应的投影轴。

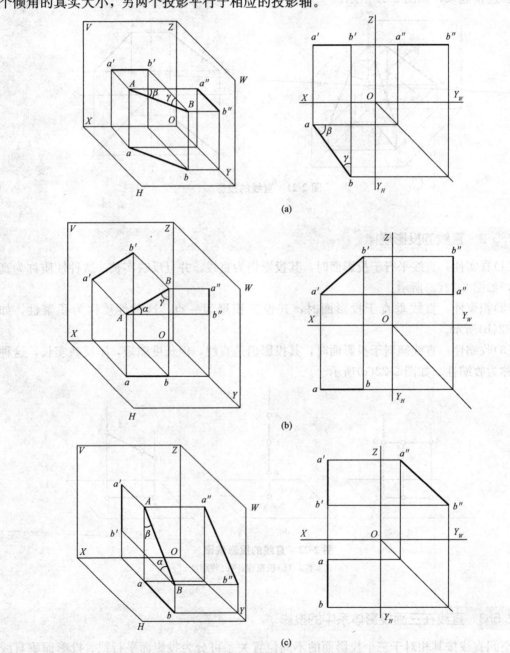

(a)

(b)

(c)

图 2-23　投影面的平行线

(a)水平线；(b)正平线；(c)侧平线

(3)投影面平行线的投影判别。投影面平行线可按以下方法进行判别：

1)当直线的投影有两个平行于投影轴时；

2)第三投影与投影轴倾斜时，则该直线一定是投影面的平行线，且一定平行于其投影为倾斜线的那个投影面。

2. 投影面垂直线

(1)投影面垂直线的空间位置。垂直于一个投影面，而必然与另两个投影面都平行的直线，称为投影面的垂直线。投影面垂直线可分为铅垂线、正垂线和侧垂线，如图 2-24 所示。

1)铅垂线——垂直于 H 面，必然平行于 V 面和 W 面的直线；

2)正垂线——垂直于 V 面，必然平行于 H 面和 W 面的直线；

3)侧垂线——垂直于 W 面，必然平行于 H 面和 V 面的直线。

(2)投影面垂直线的投影特点。一个投影积聚成点，另两个投影垂直于相应的投影轴，且反映实长。可概括为：一点两平行，定是垂直线，点在哪个面，垂直哪个面。

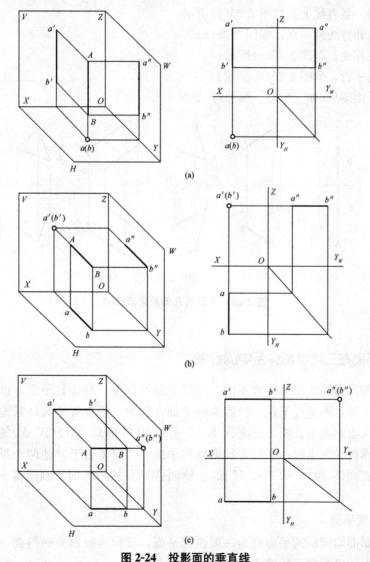

图 2-24　投影面的垂直线

(a)铅垂线；(b)正垂线；(c)侧垂线

（3）投影面垂直线的投影判别。投影面垂直线可按以下方法进行判别：

1）当直线的投影有两个垂直于投影轴时；

2）直线的第三投影积聚为一点时，则该直线一定是投影面垂直线，且一定垂直于其投影积聚为一点的那个投影面。

2.6 平面的投影

2.6.1 平面的表示方法——几何元素表示法

利用几何元素来表示平面的方法，称为几何元素表示法。在投影图中，可通过以下几何元素来确定平面：

(1)不在同一条直线上，如图 2-25(a)所示；

(2)一直线和直线外一点，如图 2-25(b)所示；

(3)两直线相交，如图 2-25(c)所示；

(4)两直线平行，如图 2-25(d)所示；

(5)任意平面图形(如三角形、圆等)，如图 2-25(e)所示。

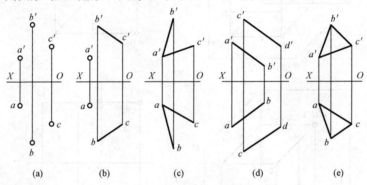

图 2-25　平面的几何元素表示法

2.6.2 平面在三面投影体系中的投影

根据平面与投影面的相对位置不同，位置平面可分为一般位置平面、投影面垂直面和投影面平行面三种。不垂直于任一投影面的平面，称为一般位置平面；只垂直于一个投影面的平面，称为投影面垂直面，正面(V 面)、水平面(H 面)、侧面(W 面)的垂直面分别简称正垂面、铅垂面和侧垂面；平行于投影面的平面，必定垂直于其他两个投影面，称为投影面平行面，正面(V 面)、水平面(H 面)、侧面(W 面)的平行面分别简称正平面、水平面和侧平面。

1. 一般位置平面

与三个投影面均倾斜的平面称为一般位置平面，又称为投影面倾斜面。一般位置平面在三个投影面上的投影都不反映实形，如图 2-26 所示。

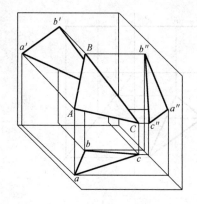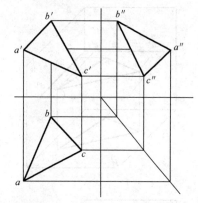

图 2-26　一般位置平面

2. 投影面平行面

(1)投影面平行面的空间位置。平行于一个投影面而垂直于另两个投影面的平面称为投影面平行面。根据与其平行的平面不同，投影面平行面可分为水平面、正平面和侧平面，如图 2-27 所示。

1)水平面——平行于水平投影面而垂直于正立投影面和侧立投影面的平面(平行于 H 面)；

2)正平面——平行于正立投影面而垂直于水平投影面和侧立投影面的平面(平行于 V 面)；

3)侧平面——平行于侧立投影面而垂直于水平投影面和正立投影面的平面(平行于 W 面)。

(2)投影面平行面的投影特性。

1)平面在它平行的投影面上的投影反映实形；

2)平面的其他两个投影积聚成线段，并且平行于相应的投影轴。

(3)投影面平行面的投影判别。投影面平行面可按以下方法进行判别：

1)平行于哪面，哪面就是镜子，反映真实；

2)另外两个投影面上的投影积聚为一直线。

3. 投影面垂直面

(1)投影面垂直面的空间位置。垂直于一个投影面而倾斜于另两个投影面的平面称为投影面垂直面。根据与其垂直的平面不同，投影面垂直面可分为铅垂面、正垂面和侧垂面，如图 2-28 所示。

1)铅垂面——垂直于水平投影面而倾斜于正立投影面和侧立投影面的平面；

2)正垂面——垂直于正立投影面而倾斜于水平投影面和侧立投影面的平面；

3)侧垂面——垂直于侧立投影面而倾斜于水平投影面和正立投影面的平面。

(2)投影面垂直面的投影特性。

1)平面在所垂直的投影面上的投影积聚成一直线，它与相应投影轴所成的夹角，即该平面对其他两个投影面的倾角。

2)其他两个投影是类似图形，并小于实形。

(3)投影面垂直面的投影判别。投影面垂直面可按以下方法进行判别：

1)垂直的投影面积聚为一斜直线；

2)另外两个投影面上的投影为类似的线框。

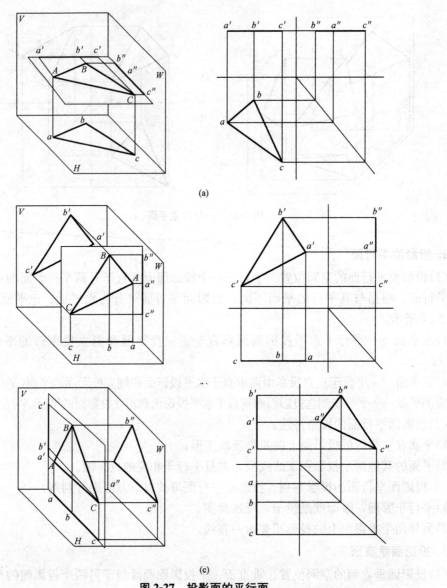

(a)

(b)

(c)

图 2-27　投影面的平行面

(a)水平面；(b)正平面；(c)侧平面

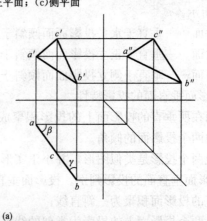

(a)

图 2-28　投影面的垂直面

(a)铅垂面

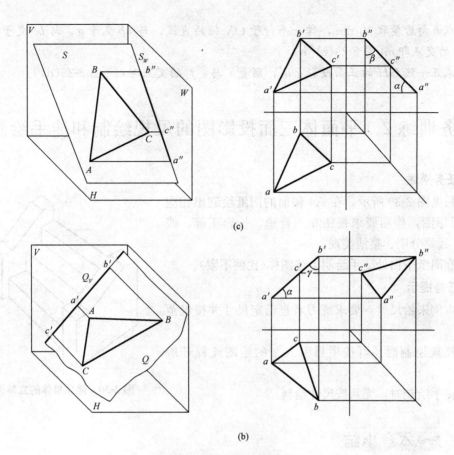

(c)

(b)

图 2-28 投影面的垂直面(续)

(b)正垂面；(c)侧垂面

【例 2-1】 如图 2-29 所示，三角形 ABC 的两面投影，在三角形 ABC 平面上取一点 M，使 M 点比 B 点低 12 mm，并在 B 点后的 10 mm 处，试求 M 点的两面投影。

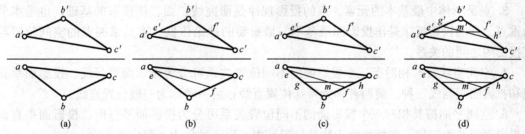

(a)　　　　　　(b)　　　　　　(c)　　　　　　(d)

图 2-29 求 M 点的两面投影

分析：已知 M 点比 B 点低 12 mm，利用平面上的水平线，M 点在 B 点后 10 mm 处，利用平面上的正平线，M 点必在两直线的交点上。

作法：

(1)从 b' 向下量取 12 mm，作一平行于 OX 轴的直线 $e'f'$，与 $a'b'$ 交于 e'，与 $b'c'$ 交于 f'［图 2-29(b)］；

(2)求水平线 EF 的水平投影 e、f［图 2-29(b)］；

(3)从 b 向后量取 10 mm，作一平行于 OX 轴的直线，与 ab 交于 g，与 bc 交于 h，则 ef 与 gh 的交点即 m[图 2-29(c)]；

(4)求正平线 GH 的正面投影 $g'h'$，则 $g'h'$ 与 $e'f'$ 的交点即 m'[图 2-29(d)]。

任务训练 2　平面体三面投影图的尺规绘制和徒手绘制

1. 任务描述

(1)根据图 2-30 所示，在 A4 幅面的图纸绘制出相应的三面投影图，作图要求视图布局合理、投影正确、线型明确、线宽分明、整洁美观。

(2)在图纸空白处徒手绘制上述图样（比例不限）。

2. 任务提示

(1)本例未给尺寸，要求练习者自己定尺寸并按规范标注。

(2)尺规绘制时，可按项目引入 2 的绘图流程开展任务。

(3)徒手绘制时，无须按尺寸绘制。

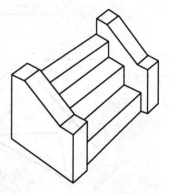

图 2-30　简单单体的立体图

➤ **本章小结**

1. 投影法是绘制工程图的基本方法，理解投影的概念，掌握正投影的思维方法是学好建筑制图的前提。

2. 三面投影图是采用正投影方法绘制的，用以表达物体的形状。学习者应注意掌握三视图的形成方法以及三视图的投影规律。

3. 点是形体中最基本的元素。点的投影规律是研究线、面、体投影的基础，也是本节的重点。点的投影规律是作投影图最基本、最重要的理论依据。重点掌握点的空间位置与其投影图之间的关系。

4. 空间直线按其相对于三个投影面的不同位置关系可分为投影面平行线、投影面垂直线和投影面倾斜线三种。前两种称为特殊位置直线；后一种称为一般位置直线。

5. 空间平面按其相对三个投影面的不同位置关系可分为投影面平行面、投影面垂直面和投影面倾斜面三种。前两种称为特殊位置平面；后一种称为一般位置平面。

➤ **思考与练习**

一、单项选择题（在每个小题的备选答案中，只有一个符合题意。）

1. 直线在某投影面上的投影为一点，平面图形在某投影面上的投影为一直线段，这体现了投影的（　　）。

A. 积聚性　　　　　B. 定比性　　　　　C. 平行性　　　　　D. 不可逆性

2. 在三视图的对应关系中，正立面投影 V 面与侧立面投影 W 面应（　　）。

A. 长对正　　　　　B. 高平齐　　　　　C. 宽相等　　　　　D. 三等关系

3. 在三面投影中，下列表述正确的是（　　　）。

A. H 面投影反映物体的长度和高度　　　　　B. V 面投影反映物体的宽度和高度

C. W 面投影反映物体的长度和宽度　　　　　D. H 面投影反映物体的长度和宽度

4. 空间直线根据其与投影面的相对位置关系可以分为三类，它们是（　　　）。

A. 正平线、水平线、侧平线

B. 正垂线、铅垂线、侧垂线

C. 一般位置线、投影面平行线、投影面垂直线

D. 平行线、相交线、异面线

5. 直线 AB 的平行投影垂直于 OZ 轴，下列直线中符合该投影特征的是（　　　）。

A. 水平线　　　　　　　B. 正平线　　　　　　　C. 侧平线　　　　　　　D. 铅垂线

6. 下列图中，正确表示正平面投影的图是（　　　）。

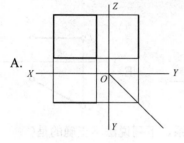
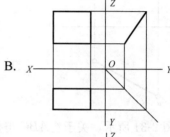

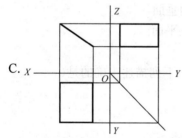
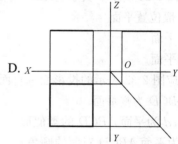

二、多项选择题（在每个小题的备选答案中，有两个或两个以上符合题意。）

1. 水平面在（　　　）投影面上的投影积聚为一直线段。

A. H　　　　　　　　B. V　　　　　　　　C. W　　　　　　　　D. H、V、W

E. H、V

2. 铅垂线在（　　　）投影面上的投影反映实际长度。

A. H　　　　　　　　B. V　　　　　　　　C. W　　　　　　　　D. H、V、W

E. H、V

3. 已知组合体的 H、V 投影图，所对应的 W 投影图为（　　　）。

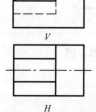

 A.　　 B.　　 C.　　 D.　　 E.

4. 已知直线为投影面平行线，其投影图正确的是（　　）。

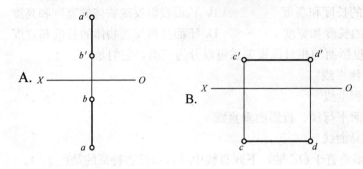

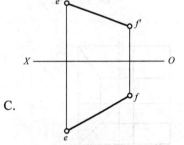

C.

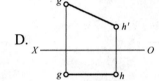

D.

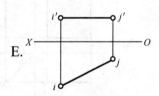

E.

5. 如图 2-31 所示，关于△ABC 与投影面的位置关系，下列说法不正确的是（　　）。

A. 一般位置平面　　　　　　　　　　B. 侧垂面

C. 水平面　　　　　　　　　　　　　D. 正平面

E. 侧平面

6. 对应图 2-32 表示的投影面垂直面的三面投影图，下列描述正确的是（　　）。

A. ABCD 为侧垂面

B. abcd 为平面 ABCD 的类似形

C. θ 为平面 ABCD 对面的倾角

D. OX 轴与平面 ABCD 平行

E. a'b'c'd' 与平面 ABCD 的平行

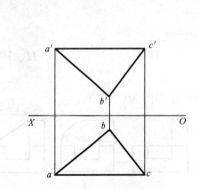

图 2-31　思考与练习题 5 图

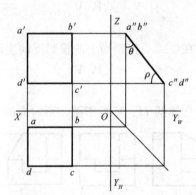

图 2-32　思考与练习题 6 图

三、填空题

1. 投影可分为_____及_____两大类。

2. 正投影的投影特性有_____性、_____性、_____性、_____性及_____性。

3. 三面投影图的投影规律也称为_____关系，度量对应关系分别为_____、_____及_____。

4. 直线的投影规律有_____性、_____性和_____性。

5. 当空间两点位于同一投影线上时，它们在该投影面上的投影合为一点，这两点称为该投影面的_____。

6. 空间平面根据其与投影面的相对位置关系可以分为三类，它们分别是_____、_____和_____。

第3章

立体的投影

在建筑工程中有各种各样的形体，虽然形状复杂多样，但一般都可以看作由一些简单的基本几何形体经过叠加、切割或相交组合而成。而任何简单的几何体都可以看作由一个或者若干个面组成的。本章利用前面学习的点、线、面投影知识来学习复杂形体的投影知识。

正三棱锥的投影如图 3-1 所示。

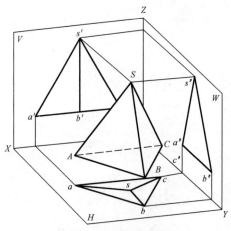

图 3-1　正三棱锥的投影

📖 **知识目标**

1. 掌握基本体的概念及分类。
2. 掌握基本体三面投影图的画法。

📖 **技能目标**

1. 能运用三面正投影的投影规律理解本章内容。
2. 能熟练绘制出基本体的三面投影，提高空间思维想象能力。

项目引入 3　复杂组合体三面投影图的绘制

📋 **项目说明**

1. 项目描述

如图 3-2 所示，已知组合体图，在 A3 幅面的图纸上，按 1∶1 的比例作形体的三面投影图。要求符合投影规律、图面清洁、线条流畅、轮廓线清晰。

2. 工具

画图板、A3 纸、丁字尺、三角板、圆规、2H 铅笔、2B 铅笔、橡皮擦。

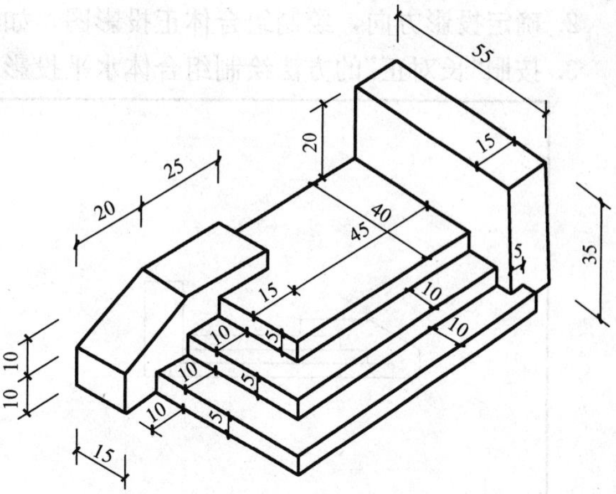

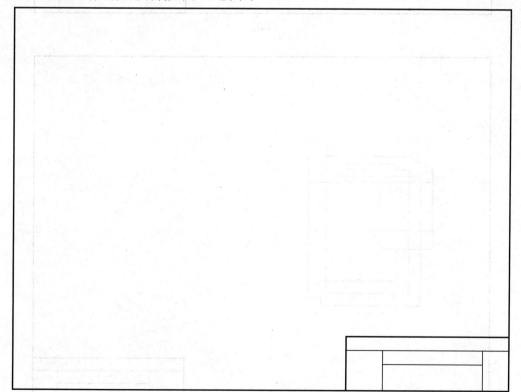

图 3-2　组合体图

教学目标

复杂组合体三面投影图的绘制项目引入的教学目标是为学习者做一个学习示范，展示绘制复杂组合体的三面投影的具体步骤，提高学习者的空间思维想象能力。

工作任务

1. A3 图纸标题栏的绘制。
2. 组合体三面投影图的绘制。
3. 标注尺寸及填写标题栏和会签栏。

项目实施

1. A3 图纸标题栏的绘制如图 3-3 所示。

图 3-3　A3 图纸标题栏

2. 确定投影方向，绘制组合体正投影图，如图 3-4(a)所示。

3. 按照"长对正"的方法绘制组合体水平投影图，如图 3-4(b)所示。

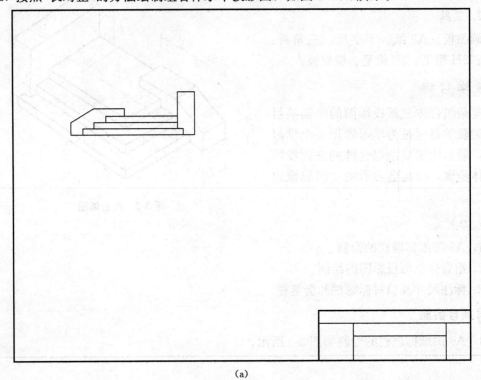

(a)

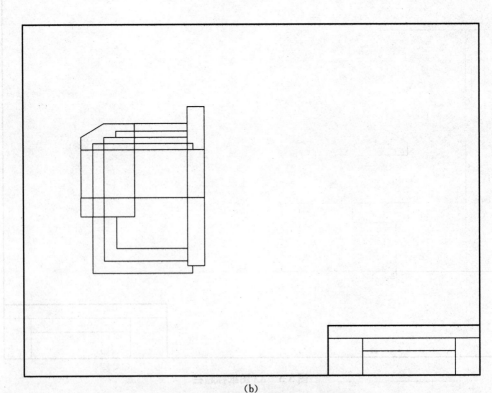

(b)

图 3-4 组合体三面投影图的绘制

(a)组合体正投影图；(b)组合体水平投影图

4. 按照"高平齐，宽相等"的方法绘制组合体侧投影图，如图 3-4(c)所示。

5. 检查、加深主要轮廓线，擦掉多余辅助线，如图 3-4(d)所示。

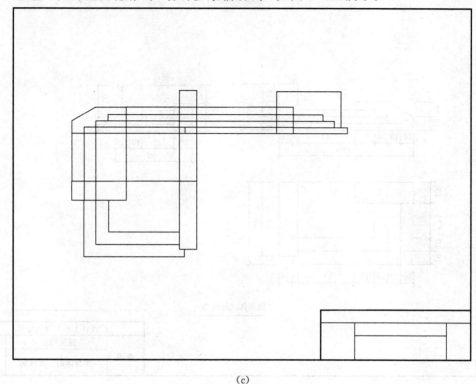

(c)

(d)

图 3-4　组合体三面投影图的绘制(续)

(c)组合体侧投影图；(d)组合体三面投影图

6. 标注尺寸及填写标题栏和会签栏，完成全图，如图 3-4(e)所示。

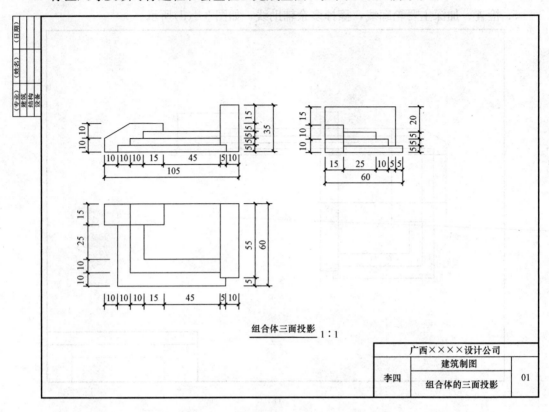

组合体三面投影 1:1

	广西××××设计公司	
李四	建筑制图	01
	组合体的三面投影	

(e)

图 3-4 组合体三面投影图的绘制(续)

(e)组合体三面投影图最后成图

3.1 平面立体

在建筑工程中，会接触到各种形状的建筑物(如房屋、水塔)及其构配件(如基础、梁、柱等)的形状虽然复杂多样，但经过仔细分析，不难看出它们一般都是由一些简单的几何体经过叠加、切割或相交等形式组合而成，如图 3-5 所示。

根据这些性质，由若干个平面或曲面围成的形体称为立体。立体按其表面性质不同可分为平面立体和曲面立体。表面全部由平面围成的几何体称为平面立体(简称平面体)，如棱柱、棱台、棱锥等；表面全部由曲面或曲面与平面围成的几何体称为曲面立体(简称曲面体)，如圆柱、圆锥、圆台、圆球、圆环等。

上述这些简单的几何体称为基本几何体，有时也称为基本形体；建筑物及其构配件的形体称为建筑形体。

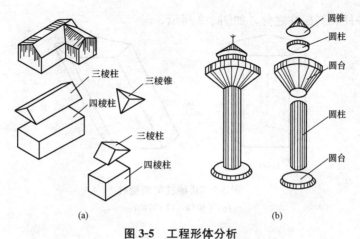

(a)   (b)

图 3-5   工程形体分析

(a)平面立体示例——房屋形体分析；(b)曲面立体示例——水塔形体分析

3.1.1   棱柱体的组成与投影

1. 棱柱体的组成

如图 3-6 所示，有两个面互相平行，其余各面都是四边形，并且每两个相邻四边形的公共边都互相平行，由这些面所围成的多面体叫作棱柱体。

当底面为三角形时，所组成的棱柱称为三棱柱。以图 3-7 所示的三棱柱为例，两个互相平行的平面叫作棱柱的底面，其余各面叫作棱柱的侧面，两个侧面的公共边叫作棱柱的侧棱。

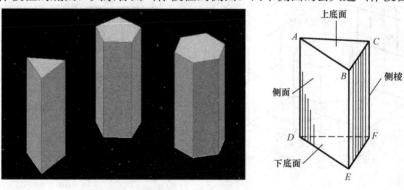

图 3-6   棱柱体   **图 3-7   三棱柱**

当底面为四边形、五边形、六边形时，所组成的棱柱分别为四棱柱、五棱柱、六棱柱，如图 3-8 所示。

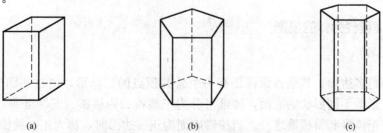

(a)   (b)   (c)

图 3-8   四棱柱、五棱柱、六棱柱

(a)四棱柱(长方体)；(b)五棱柱；(c)六棱柱

棱柱有正棱柱和斜棱柱之分，如图 3-9 所示。

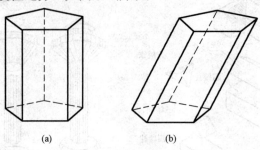

图 3-9　正棱柱与斜棱柱

(a)正棱柱；(b)斜棱柱

2. 棱柱体的投影

以正六棱柱为例，绘制其三面投影图。图 3-10(a)所示为一正六棱柱，其顶面、底面均为水平面，它们的水平投影反映实形，正面及侧面投影重影为一直线。棱柱有六个侧棱面，前后棱面为正平面，它们的正面投影反映实形，水平投影及侧面投影重影为一条直线。棱柱的其他四个侧棱面均为铅垂面，其水平投影均重影为直线。正面投影和侧面投影均为类似形。作正六棱柱的投影图时，先画出正六棱柱的水平投影正六边形，再根据其他投影规律画出其他的两个投影，如图 3-10(b)所示。

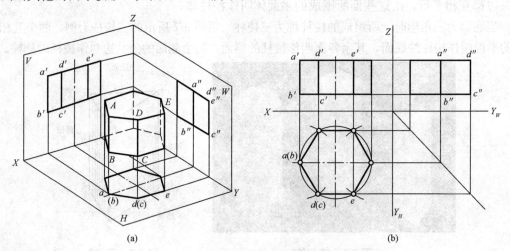

图 3-10　正六棱柱的三面投影

(a)立体图；(b)投影图

3.1.2 棱锥(台)体的投影

1. 棱锥

有一个面是多边形，其余各面都是有一个公共顶点的三角形，由这些面所围成的多面体叫作棱锥。根据不同形状的底面，棱锥可分为三棱锥、四棱锥、五棱锥等，如图 3-11 所示。棱锥也有正棱锥和斜棱锥之分。当棱锥底面为正 n 边形时，称为正 n 棱锥。

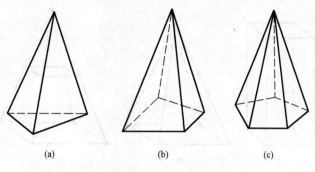

图 3-11 棱锥体

(a)三棱锥；(b)四棱锥；(c)五棱锥

2. 棱锥的投影

以正三棱锥为例，如图 3-12(a)所示为一个正三棱锥，锥顶为 S，其底面为 $\triangle ABC$，成水平位置，水平投影 $\triangle abc$ 反映实形。棱面 $\triangle SAB$、$\triangle SBC$ 是一般位置平面，它们的各个投影均为类似形。棱面 $\triangle SAC$ 为侧垂面，其侧面投影 $s''a''c''$ 重影为一条直线。

以此可总结出正棱锥投影特征为：当底面平行于某一投影面时，在该面上投影为实形正多边形以及内部的 n 个共顶点等腰三角形，另两个投影为一个或多个三角形，如图 3-12(b)所示。

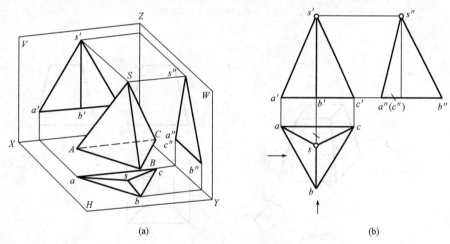

图 3-12 正三棱锥的三面投影

(a)立体图；(b)投影图

3. 棱台

如图 3-13 所示，用平行于棱锥底面的平面切割棱锥，底面和截面之间的部分称为棱台。由三棱锥、四棱锥、五棱锥等切得的棱台，分别称为三棱台、四棱台和五棱台，如图 3-14 所示。

4. 棱台的投影

以正四棱台为例，如图 3-15 所示，上下底面为正方形的正四棱台的立体图和投影图，正四棱台上下底面为水平面，左右侧面为正垂面，前后侧面为侧垂面。分析其三面投影图，H 投影为一大一小两个正方形，V 投影、W 投影都为等腰梯形。

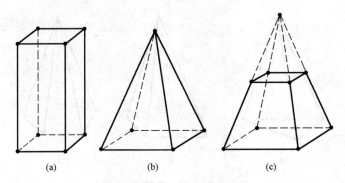

图 3-13　棱柱、棱锥、棱台

（a）棱柱；（b）棱锥；（c）棱台

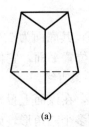 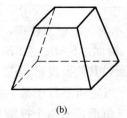 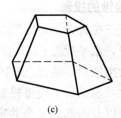

（a）　　　　　　　　　　（b）　　　　　　　　　　（c）

图 3-14　三棱台、四棱台、五棱台

（a）三棱台；（b）四棱台；（c）五棱台

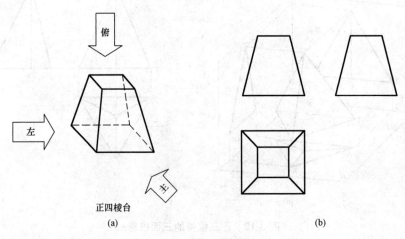

图 3-15　四棱台三面投影图

（a）立体图；（b）投影图

平面体表面的点和线

　　平面体表面上点和直线的投影实质上就是平面上的点和直线的投影，不同之处是平面体表面上的点和直线的投影存在着可见性的判别。所以，在求解平面体表面上点和直线时，可采用以下方法：如果点或直线在特殊位置平面内，则作图时，可充分利用平面投影有积聚性的特点，由一个投影求出其另外两个投影；如果点或直线在一般位置平面内，则需过已知点的一个投影作辅助线，求出其他投影。

1. 棱柱体表面的点和线

(1)棱柱体表面的点。

【例 3-1】 如图 3-16(a)所示,已知三棱柱的三面投影及其表面上的点 M 和点 N 的正面投影 m' 和 n',求作它们的另外两个投影。

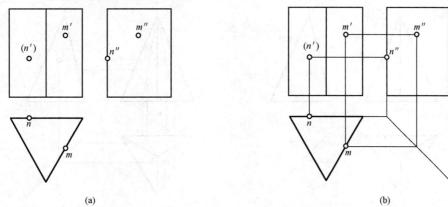

(a) (b)

图 3-16 三棱柱上点的三面投影

(a)已知条件;(b)作图

分析:根据已知条件,M 点必在三棱柱前右侧的棱上(因 m' 可见),而 N 点必在三棱柱的后棱面上(因 n' 不可见)。

作图:利用棱柱各棱面的水平投影有积聚性特点,可向下引投影连接,直接找到两点的水平投影 m 和 n,然后即可按投影规律求出这两点的侧面投影 m'' 和 n'',如图 3-16(b)所示。

(2)棱柱体表面的线。

【例 3-2】 如图 3-17(a)所示,已知三棱柱上直线 AB、BC 的 V 投影,求另外两面投影。

分析:求平面体表面的直线段,实际上就是求各直线段两个端点的各面投影,之后再连接两端点的同名投影即可。本题可先根据棱柱体侧面的积聚性求出 A、B、C 三点的 H 投影,则 W 投影即可求出。A、B、C 三点分别求出后连线便可求出直线 AB、BC 的 H、W 投影,此处要注意判别直线的可见性。本题中直线 BC 的 W 面投影不可见,因此应用虚线连接,如图 3-17(b)所示。

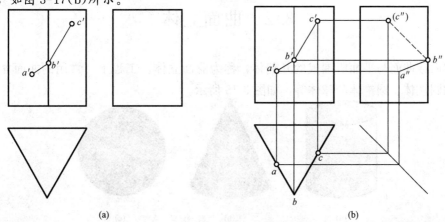

(a) (b)

图 3-17 正三棱柱上线段 AB、BC 的三面投影

(a)已知条件;(b)作图

2. 棱锥体表面的点和线

（1）棱锥体表面的点。

【例 3-3】 如图 3-18(a)所示，已知三棱锥表面上点 K 和点 M 的投影 k' 和 m'，作出它们的另外两面投影。

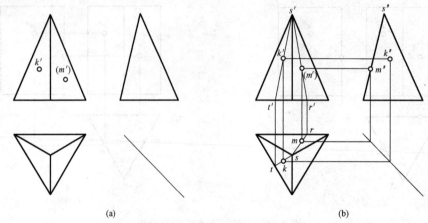

(a)   (b)

图 3-18　正三棱锥上点的三面投影

(a)已知条件；(b)作图

作图： 如图 3-18(b)所示，作图步骤如下：

1)利用过锥顶的辅助线求 K、M 两点的各投影；

2)过 k' 作 $s't'$；

3)求出 H 投影 t，连接 st；

4)过 k' 分别向下引投影连线与 st 相交于 k 点，再根据"高平齐，宽相等"的原则求出 k''；

5)同理可求出 m、m''；

6)判别可见性：除 M 的正投影不可见外，其余点投影均可见。

（2）棱锥体表面的线。棱锥体表面的线的求法即先求出表面点的投影，再将两点进行连接，并注意判别直线的可见性，在此不再赘述。

3.2　曲面立体

由曲面或曲面与平面所围成的几何体，称为曲面立体。工程上，常用的曲面立体是回转体，如圆柱体、圆锥体和球体等，如图 3-19 所示。

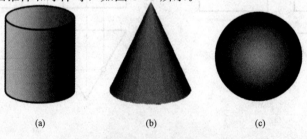

(a)   (b)   (c)

图 3-19　曲面立体

(a)圆柱体；(b)圆锥体；(c)球体

圆柱体表面由圆柱面、顶面以及底面组成。圆柱面是由一条直母线绕与之平行的轴线回转而成。

如图 3-20 所示，圆柱的轴线垂直于 H 面，其上下底圆为水平面，水平投影反映实形，其正面和侧面投影重影为一直线。而圆柱面则用曲面投影的转向轮廓线表示。

如图 3-21 所示，圆柱投影图的绘制可分为以下几个步骤：

(1)绘制出圆柱的对称线、回转轴线。

(2)绘制出圆柱的顶面和底面。

(3)绘制出正面转向轮廓线和侧面转向轮廓线。

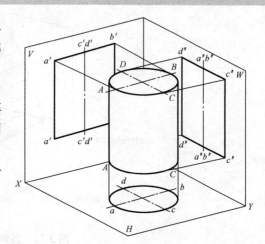

图 3-20　圆柱立体图

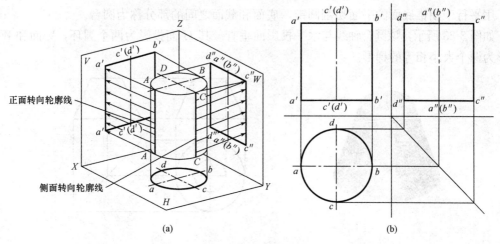

(a)　　　　　　　　　　(b)

图 3-21　圆柱体的三面投影

(a)立体图；(b)投影图

1. 圆锥

圆锥表面由圆锥面和底圆组成。其是一条母线绕与它相交的轴线回转而成。圆锥轴线垂直于 H 面，底面为水平面，它的水平投影反映实形，正面和侧面投影重影为一直线。对于圆锥面，要分别画出正面转向轮廓线和侧面转向轮廓线。

如图 3-22 所示，圆锥投影图的绘制可分为以下几个步骤：

(1)绘制出圆锥的对称线、回转轴线。

(2)在水平投影面上绘制出圆锥底圆，正面投影和侧面投影积聚为直线。

绘制圆柱体三面投影图

(3)作出锥顶的正面投影和侧面投影并画出正面转向轮廓线和侧面转向轮廓线。

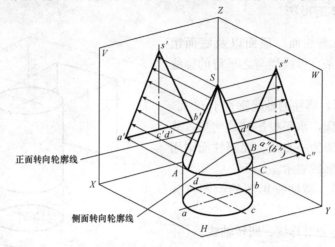

图 3-22　圆锥体的三面投影

2. 圆台

用平行于圆锥底面的平面切割圆锥，底面和截面之间的部分称为圆台。

如图 3-23 所示，该圆台轴线与水平投影面垂直。其 H 面投影为两个圆环，V 面和 W 面投影为两个大小相等的梯形。

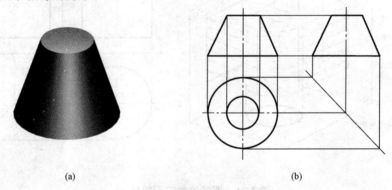

(a)　　　　　　　　　　　　(b)

图 3-23　圆锥体的三面投影

（a）立体图；（b）投影图

1. 圆球的形成

圆球的表面是球面。球面是一条圆母线绕过圆心且在同一平面上的轴线回转而形成的，如图 3-24（a）所示。

2. 圆球的投影

圆球的三个投影均为圆，其直径与球直径相等，但三个投影面上的圆具有不同的转向轮廓线，如图 3-24（b）所示。

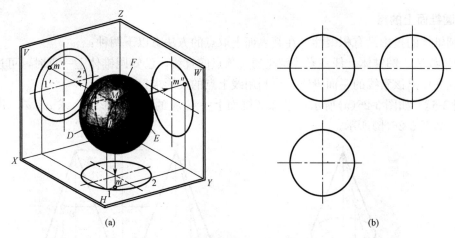

图 3-24   球体的三面投影

(a)立体图；(b)投影图

曲面体表面的点

曲面体表面上的点和平面体表面上的点相似，都可分为以下两类：

(1)特殊位置的点，如圆柱或圆锥的最前、最后、最左、最右、底边，球体上平行于三个投影面的最大圆周上等位置的点，这样的点可直接利用线上点的方法求得。

(2)其他位置的点可利用曲面体投影的积聚性、辅助素线法和辅助圆法等方法求得。

1. 圆柱面上的点

【**例 3-4**】 如图 3-25(a)所示，若已知圆柱面上两点 A 和 B 与正面投影 a' 和 b'，求出它们的水平投影 a、b 和侧面投影 a''、b''。

分析：根据已知条件 a' 可见，b' 不可见，可知 A 点在前半个圆柱面上；B 点在后半个圆柱面上。利用圆柱的水平投影有积聚性，可直接找到 a 和 b，然后根据已知两投影面求出 a'' 和 b''。

由于 A 点在左半圆柱面上，所以 a'' 为可见；而 B 点在右半圆柱面上，所以 b'' 为不可见。

作图：如图 3-25(b)所示。

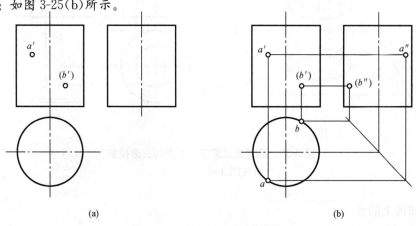

(a)   (b)

图 3-25   圆柱面上点的三面投影

(a)已知条件；(b)作图

2. 圆锥面上的点

因圆锥体的投影没有积聚性，在其表面上取点的方法有以下两种：

（1）素线法。圆锥体上任一素线都是通过顶点的直线，已知圆锥体上一点时，可过该点作素线，先作出该素线的三面投影，再利用线上点的投影求得。

【例 3-5】 如图 3-26（a）所示，已知圆锥面上一点 A 的正面投影 a'，求 a、a''。用素线法作图，如图 3-26（b）所示。

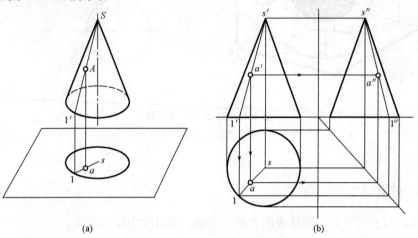

(a)   (b)

图 3-26 素线法求圆

（a）已知条件；（b）作图

（2）纬圆法。

【例 3-6】 如图 3-27（a）所示，已知圆锥表面上一点 A 的投影 a'，求 a、a''。用纬圆法作图，如图 3-27（b）所示。

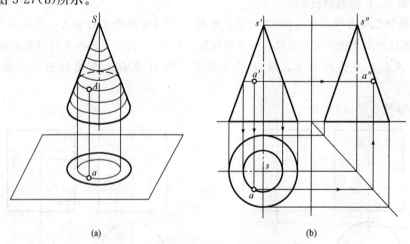

(a)   (b)

图 3-27 纬圆法求圆锥面上点的三面投影

（a）已知条件；（b）作图

3. 圆球面上的点

圆球面上点和直线的投影作图方法可以利用辅助圆法求得。

【例 3-7】 已知球面上点 A 的正面投影，求水平投影和侧面投影。用纬圆法作图，如图 3-28 所示。

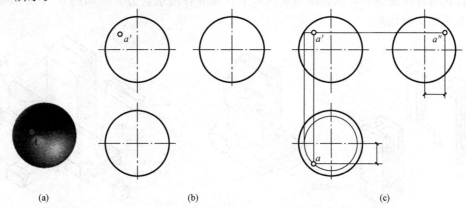

图 3-28　纬圆法求圆球面上点的三面投影
(a)圆球；(b)已知条件；(c)作图

3.3　组合体的投影

由两个或两个以上的基本形体组合而成的物体称为组合体。从空间形态上看，组合体比基本形体复杂，但经过观察发现，它们都可以看作是由若干个基本形体按照一定的组合方式组合而成的。

3.3.1　组合体的分类

组合体在形成的过程中，有时为基本体叠加而成，有时为基本体切割而成，有时既有叠加，也有切割。

1. 叠加式组合体

叠加式组合体是由若干个基本几何体相接组成的形体。该形体组合简单，相互以平面相连接，只要明确组合体是由哪些基本体构成，以及它们之间的相对关系，运用投影法就能画出组合体的投影图。

如图 3-29 所示，该组合体是由三个长方体叠加而成的。

2. 切割式组合体

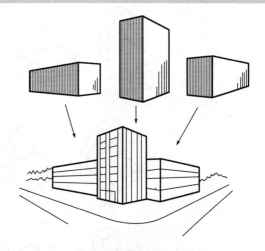

图 3-29　叠加式组合体

切割式组合体是由一个基本几何体被平面或曲面切除某些部分而形成的形体。此形体形状清晰、切割线分明，作投影图时应先画出基本几何体的三面视图，然后明确切割面与投影面关系，即可画出切割式组合体的投影图。其中，切割线若不可见则必须画成虚线表示。如图 3-30 所示，该组合体是由一个大的长方体，再经过切割掉两个小长方体而形成的切割体。

3. 综合式组合体

综合式组合体是叠加式组合体与切割式组合体并存的组合方式。如图 3-31 所示，该组合体既有叠加又有切割。

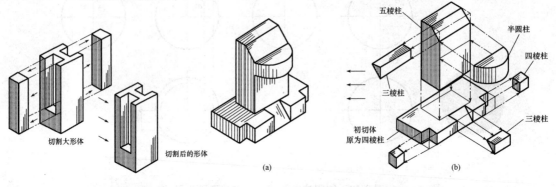

图 3-30　切割式组合体

图 3-31　综合式组合体
(a)整体外观；(b)组合过程

3.3.2　组合体表面的连接关系

组合体表面的连接关系，是指基本形体组合成组合体时，各基本形体表面之间真实的相互关系。组合体的表面连接关系主要有两表面相互平齐、相切、相交和表面不平齐四种。作图时，应注意不同连接关系的组合体的画法上的不同，如图 3-32 所示。

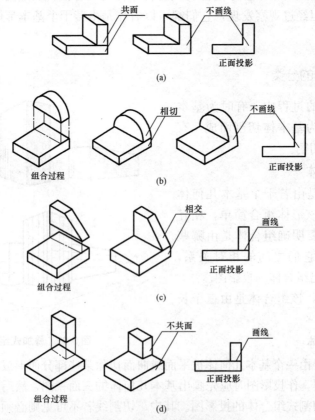

图 3-32　组合体表面的连接关系
(a)表面平齐；(b)表面相切；(c)表面相交；(d)表面不平齐

组合体是由基本形体组合而成的，所以基本形体之间除表面连接关系外，还有相互之间的位置关系。图 3-33 所示为叠加式组合体在组合过程中的几种位置关系。

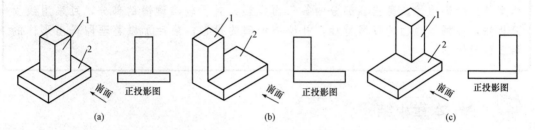

正投影图   正投影图   正投影图

(a)   (b)   (c)

图 3-33   叠加式组合体在组合过程中的几种位置关系

(a)1 号形体在 2 号形体的上方中部；(b)1 号形体在 2 号形体的左后上方；

(c)1 号形体在 2 号形体的右后上方

任务训练 3   复杂组合体三面投影图的尺规绘制和徒手绘制

1. 任务描述

如图 3-34 所示，在 A3 幅面的图纸内，按 1∶1 的比例绘制形体的三面投影图。要求符合投影规律、图面清洁、线条流畅、轮廓线清晰。

2. 任务提示

在图纸空白处徒手绘制如图 3-33 所示的图样（比例不限）。

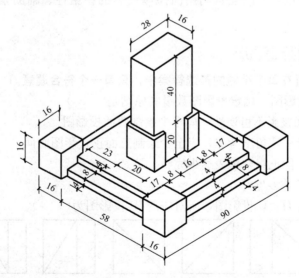

图 3-34   组合体立体图

读图与画图结合之二补三问题

所谓二补三问题，就是已知形体的两面投影图，求其第三面投影图。一般步骤是，首先对已知形体的投影进行形体分析，大致想象出形体的形状；然后根据各基本形体的投影规律，画出各部分的第三面投影，对于较难读懂的部分，可采用线面分析法，并根据线面的投影特性，补绘该细部的投影；最后加以整理即得出形体的第三面投影图。

➤ 本章小结

1. 平面立体与曲面立体三视图的绘制是本章的重点内容。画平面立体的三视图可以归结为画立体上平面和棱线的投影，并要熟练运用"长对正，高平齐，宽相等"的投影规则。

2. 绘制曲面立体的三视图时，让曲面体的底面平行于投影面，并用细单点长画线作出曲面的中心线和轴线，再作其投影，由于曲面体是光滑曲面，不像平面立体有着明显的棱线，因此要将回转曲面的形成规律和投影表达方式联系起来。

3. 平面体表面的点和线的投影实质上就是平面上点和直线的投影，关键在于判断平面体表面上点和线的可见性。在求解时，先根据平面上点和直线的特点，通过平面的积聚投影或利用辅助线求解，再判别其可见性。

4. 求曲面体表面上的点和直线与求平面上的点和直线相似，也可分为特殊位置的点及一般位置上的点。特殊位置的点的求法，如圆柱或圆锥的最前、最后、最左、最右、底边，圆球上平行于三个投影面的最大圆周上等位置的点，这样的点可以直接利用线上点的方法求得。一般位置上的点可利用曲面体投影的积聚性、辅助素线法、辅助圆法等方法求出。

➤ 思考与练习

一、单项选择题（在每个小题的备选答案中，只有一个符合题意。）

1. 绘制组合体投影图，确定投影图数量的原则是（　　）。

A. 根据点的单面投影不可逆性，应至少绘制两面投影图

B. 从组合体的唯一性角度考虑，应至少绘制三面正投影图曲面

C. 用最少的投影图把组合体表达得完整、清楚

D. 投影图的数量越多越好

2. 已知组合体的 H、V 投影图，所对应的 W 投影图为（　　）。

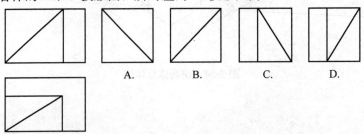

A.　　B.　　C.　　D.

二、多项选择题(在每个小题的备选答案中，有两个或两个以上符合题意。)

1. 已知组合体的 H、V 投影图，所对应的 W 投影图为(　　)。

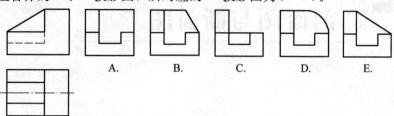

A.　　　　B.　　　　C.　　　　D.　　　　E.

2. 组合立体的组成方式有(　　)。

A. 相交 　　　　　　B. 切割 　　　　　　C. 叠加 　　　　　　D. 相切

E. 以上几种的任意组合

第4章

剖面图与断面图

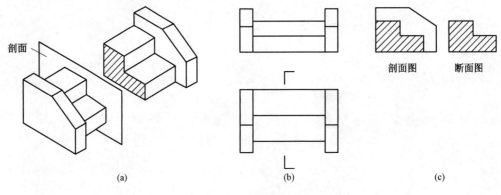

导读

在画形体投影图时，对于不可见部分应用虚线画出，但是对于内部形状比较复杂的形体，例如，当形体内部有一些空腔、孔、洞、槽时，就会在投影图中出现较多的虚线，并且会出现虚线与实线交叉、重叠等情况，造成识图上的困难，同时，也不利于识读内部构造和标注尺寸。因此，在工程中，为了能清楚地反映形体内部构造、材料和尺寸，同时也便于识图，人们想到了假想将形体剖开后对形体进行绘制来表达内部投影的方法——剖面图与断面图(图 4-1)，其在工程中得到了广泛的运用。本章主要介绍剖面图与断面图的基本知识、形成原理、各种剖面图及断面图的使用与画法。

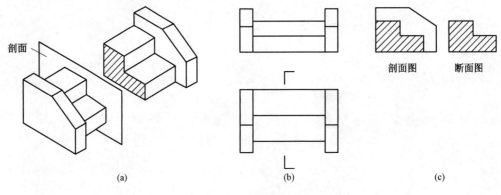

剖面

剖面图   断面图

(a)   (b)   (c)

图 4-1   剖面图与断面图

知识目标

1. 了解剖面图与断面图的基本知识。
2. 掌握剖面图与断面图的识读与绘制。
3. 理解剖面图与断面图的区别。

技能目标

1. 理解建筑剖面图、断面图的形成原理。
2. 掌握各种剖面图、断面图的使用及画法，培养空间思维能力和自我学习能力。

项目引入 4 建筑物的投影图、剖面图和断面图

项目说明

某职工集资楼建筑层高为 7 层，其中底层是杂物房层，其立体图如图 4-2 所示，试总结出该建筑物所需的投影图、剖面图和断面图。

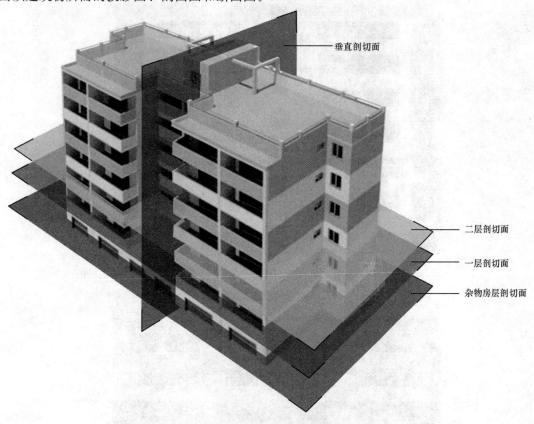

图 4-2 某职工集资楼

教学目标

建筑物是复杂物体，对复杂物体的认识不仅要从表面视图看，而且要从其内部的结构视图看。为此，本项目引入的教学目标就是为学习者作建筑物投影获取对应视图的示范，展示投影和获取视图的方法及具体步骤。

工作任务

1. 建筑物投影图的选择和绘制。
2. 建筑物剖面图的选择和绘制。
3. 建筑物断面图的选择和绘制。

📖项目实施

1. 建筑物投影图的选择和绘制

图 4-2 中，职工集资楼的前立面和后立面不一样，上面也不一样，虽然其左右两个侧面形状相同，但是在建筑施工图中这个职工集资楼需要用 5 个投影图来表示，正面投影图[图 4-3(a)]、背面投影图[图 4-3(b)]、侧面投影图[图 4-3(c)、(d)]、顶面投影图[图 4-3(e)]。

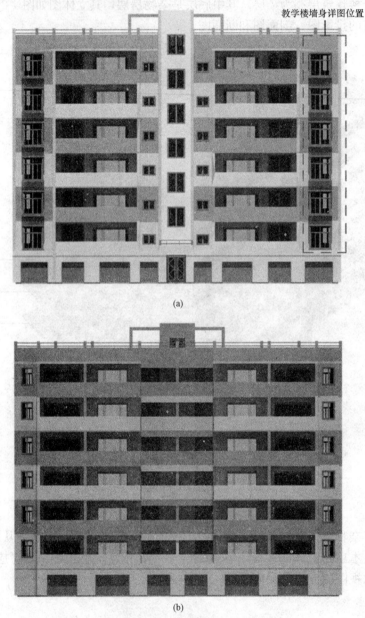

(a)

(b)

图 4-3 建筑物投影图
(a)正面投影图；(b)背面投影图

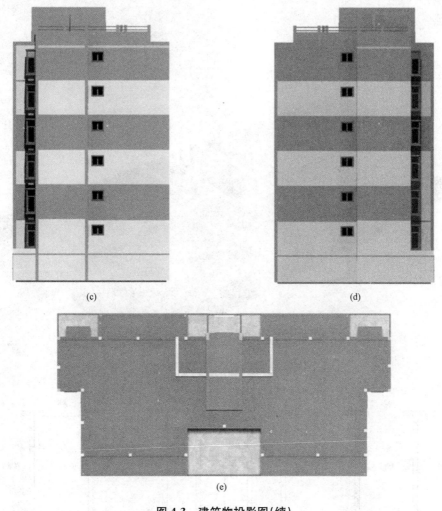

(c)　(d)

(e)

图 4-3　建筑物投影图(续)

(c)、(d)侧面投影图；(e)顶面投影图

2. 建筑物剖面图的选择和绘制

建筑物有不同的楼层，每一楼层结构有可能不同也有可能相同，建筑物内还有楼梯等内部结构，为此，要将建筑物里的结构表现出来就需要对建筑物进行剖切。以图 4-2 的某职工集资楼为例，考虑楼内 2 层至 6 层结构是一样的，故对该楼内部剖切就应该包含杂物房层、1 层和 2 层至 6 层及楼梯几个部分。下面就按照顺序对这几个部分进行剖切和画剖面图。

(1)水平剖切杂物房层和画剖切图，杂物房层剖切立体图如图 4-4(a)所示，杂物房层剖面图如图 4-4(b)所示。

(2)水平剖切一层和画剖面图，一层剖切立体图如图 4-5(a)所示，一层剖面图如图 4-5(b)所示。

(3)水平剖切二层(二层至六层结构一样)和画剖面图，二层剖切立体图如图 4-6(a)所示，二层剖面图如图 4-6(b)所示。

(4)垂直剖切某职工集资楼楼梯部分(楼梯在中部)和画剖面图，某职工集资楼楼梯剖切立体图如图 4-7(a)所示，某职工集资楼楼梯剖面图如图 4-7(b)所示。

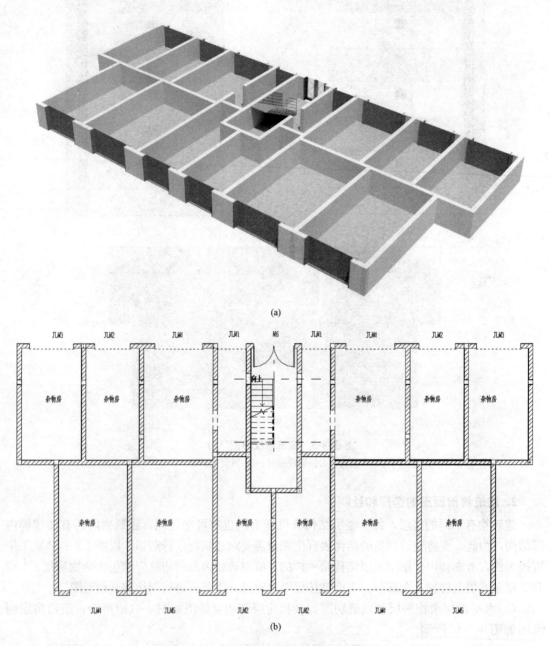

(a)

(b)

图 4-4　杂物房层剖切立体图及剖面图

(a)杂物房层剖切立体图；(b)杂物房层剖面图

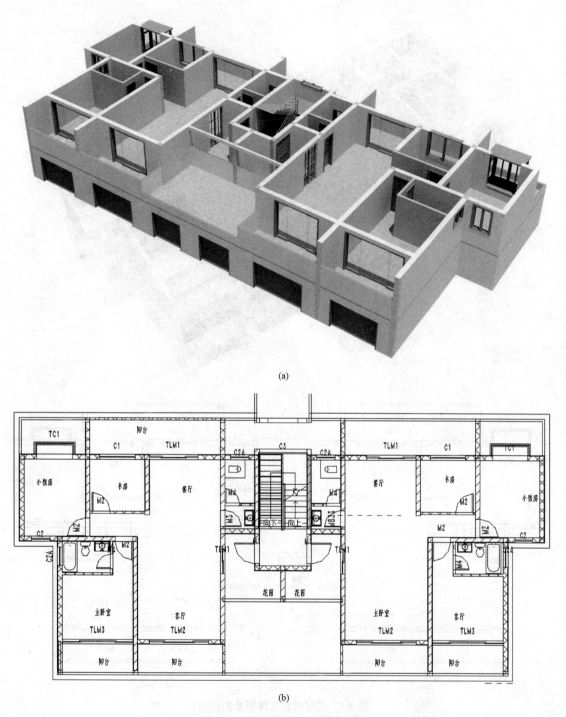

(a)

(b)

图 4-5 一层剖切立体图及剖面图

(a)一层剖切立体图；(b)一层剖面图

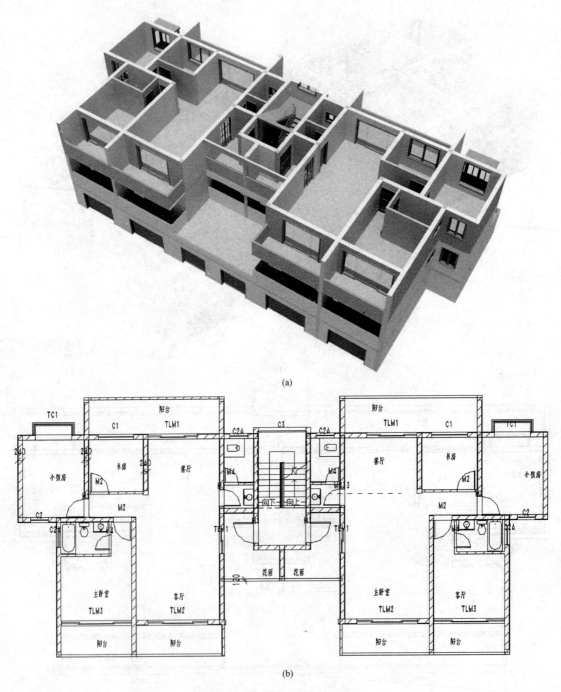

(a)

(b)

图 4-6　二层剖切立体图及剖面图

(a)二层剖切立体图；(b)二层剖面图

(a)

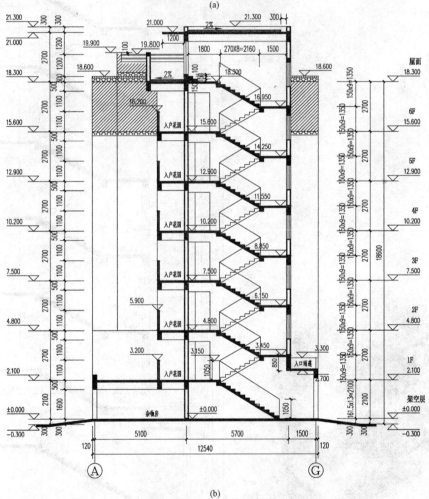

(b)

图 4-7 某职工集资楼楼梯剖切立体图及剖面图

(a)某职工集资楼楼梯剖切立体图；(b)某职工集资楼楼梯剖面图

3. 建筑物断面图的选择和绘制

复杂物体剖面图虽然能将物体内部结构展示出来，但无法清楚地表达某些部位的尺寸大小、构造做法、材料使用等，所以，除需要剖切这些部位外，还要用较大的比例绘制某些部位或结构的局部剖面图，这种剖面图就称为断面图。

建筑断面图是对建筑平面图、剖面图中无法详尽表达的部分(如墙身、女儿墙、楼梯间、出屋面管井等)进行详尽表达。下面以图4-2所示的某职工集资楼为例，对楼梯、墙身用断面图进行展示，如图4-8、图4-9所示。可以看到断面图只是剖面图的一部分。

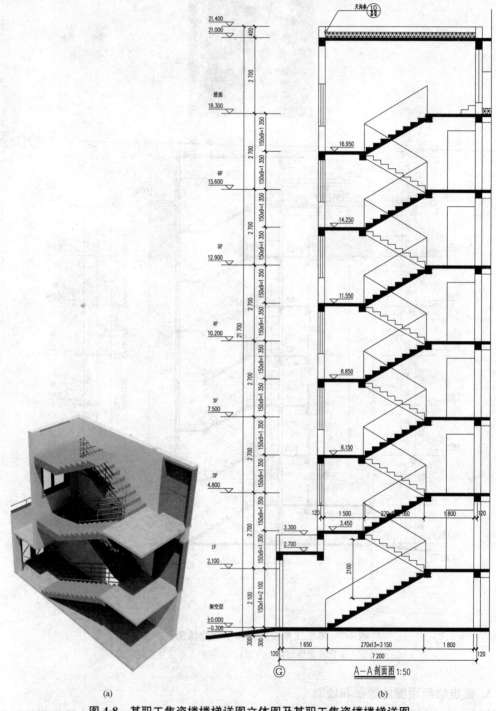

(a)   (b)

图4-8 某职工集资楼楼梯详图立体图及某职工集资楼楼梯详图
(a)某职工集资楼楼梯详图立体图；(b)某职工集资楼楼梯详图

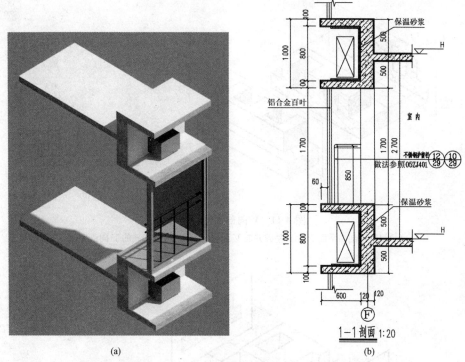

(a)   (b)

图 4-9　某职工集资楼墙身详图立体图及某职工集资楼墙身详图

(a)某职工集资楼墙身详图立体图；(b)某职工集资楼墙身详图

4.1　剖面图

4.1.1　剖面图的形成

　　假想用剖切平面的方法剖开物体，将处在观察者和剖切平面之间的部分移去，而将其余部分向投影面投射所得的图形称为剖面图，简称剖面。如图 4-10 所示为双柱杯形基础的三面投影图。假想用两个平面 P 和 Q 将基础剖开，移去剖切平面前面的部分，作其后面部分的投影，就可得出其 V 向剖面图(图 4-11)和 W 向剖面图(图 4-12)。

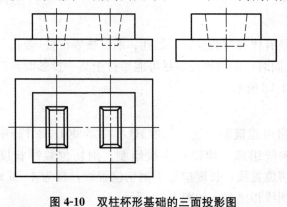

图 4-10　双柱杯形基础的三面投影图

绘制剖面图

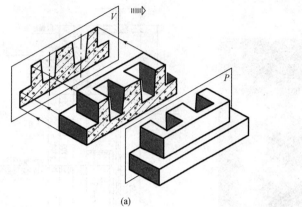
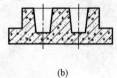

图 4-11　*V* 向剖面图的产生

(a)假想用剖切平面 *P* 剖开基础并向 *V* 面进行投影；(b)基础的 *V* 向剖面图

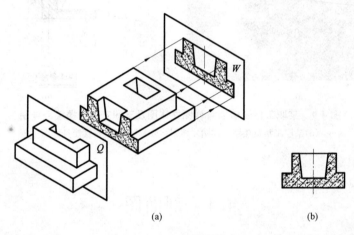

图 4-12　*W* 向剖面图的产生

(a)假想用剖切平面 *Q* 剖开基础并向 *W* 面进行投影；(b)基础的 *W* 向剖面图

比较基础的 *V*、*W* 面投影和基础的 *V*、*W* 向剖面图，可以看到在剖面图中，基础内部构造、形状和大小（如杯口的深度和杯底的长度）都表达得非常清楚。

4.1.2　剖面图的表达

1. 剖切位置的选择及其数量

剖切平面应选择在经过形体最有代表性的位置，如孔、洞、槽等位置（若孔、洞、槽等有对称性，则应经过其中心线）；同时，剖切平面应尽可能平行于某一投影面，以便在剖面图中得到所给部分的实形，如图 4-13 所示。

2. 剖切符号的画法

(1)剖切位置和剖视方向。《房屋建筑制图统一标准》(GB/T 50001—2017)中规定，剖切符号由剖切位置线和剖视方向线组成，均以粗实线绘制。剖切位置线长度宜为 6～10 mm；剖视方向线应垂直于剖切位置线，长度应短于剖切位置线，宜为 4～6 mm。绘制时，剖视的剖切符号不应与其他图线相接触，如图 4-14 所示。

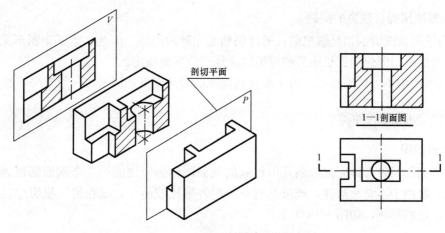

图 4-13　剖切平面的位置及方向

（2）剖面图的名称。为了区别同一形体上的几个剖面图，在剖切符号上应用阿拉伯数字加以编号，数字应写在剖视方向线的端部。编号时应按照从左至右、由下向上的顺序连续编排。需要转折的剖切位置线，应在转角的外侧加注与该符号相同的编号。在所绘制剖面图的下方，应写上带有编号的图名，如"1—1 剖面图""2—2 剖面图"或"1—1""2—2"，并在图名下方画出图名线（粗实线）。

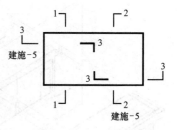

图 4-14　剖视的剖切符号

（3）剖面图的画法。画剖面图时，剖切到的部分的轮廓用粗实线绘制，没有被剖切到但可以看到的部分用中线绘制。在被剖切到后的截面上画材料图例。如未注明形体的材料时，应在相应的位置画出同向、等间距并与水平方向成 45°的细实线（也称剖面线），画剖面线时，同一形体的各个剖面图中剖面线的倾斜方向和间距要一致，如图 4-15 所示。

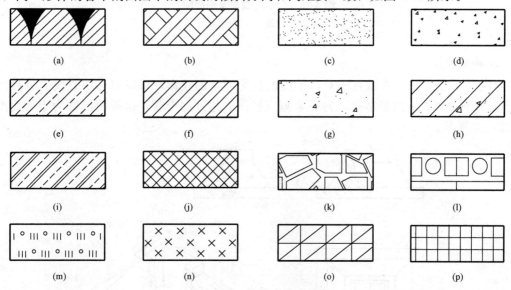

图 4-15　常见的材料图例

（a）自然土壤；（b）夯实土壤；（c）砂、灰土；（d）砂砾石、碎砖三合土；（e）石材；（f）砖；（g）混凝土；（h）钢筋混凝土；
（i）耐火砖；（j）多孔材料；（k）毛石；（l）木材；（m）焦渣、矿渣；（n）石膏板；（o）空心砖；（p）饰面砖

3. 画剖面图时应注意的问题

(1)由于剖面图的剖切是假想的，形体仍然是完整的形体。因此，当某个图形采用了剖面图后，其他投影图包括剖切面后的可见轮廓线仍应完整画出。

(2)剖面图中不可见的虚线，为了配合其他视图表达得更加清晰，一般省略不画。

4.1.3 剖面图的种类

1. 全剖面图

用一个剖切面将形体完整地剖开所得到的剖面图称为全剖面图。全剖面图以表达内部结构为主，常用于不对称构件，或虽然对称，但外形比较简单，或在另一投影中已将它的外形表达清楚的形体，如图 4-16 所示。

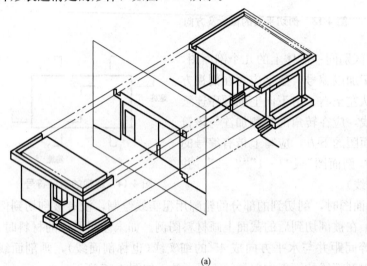
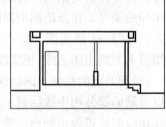

(a)   (b)

图 4-16 剖切建筑与全剖面图
(a)剖切建筑；(b)全剖面图

2. 半剖面图

对于对称的形体，在垂直于对称平面的投影面上的投影，可以对称中心线为分界线，一半画成剖面图表达内部结构，另一半画成视图表达外部形状，这种图形称为半剖面图，如图 4-17 所示。

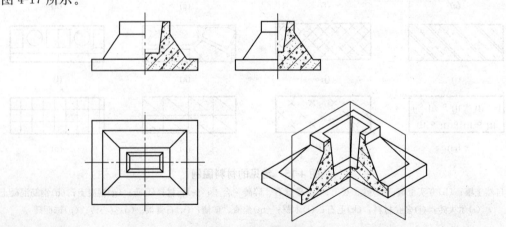

图 4-17 半剖面图

3. 阶梯剖面图

用两个或两个以上互相平行的剖切面剖切形体得到的全剖面图，称为阶梯剖面图，如图 4-18 所示。

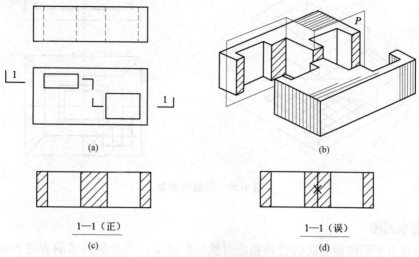

(a)   (b)

1—1（正）   1—1（误）
(c)   (d)

图 4-18　阶梯剖面图

(a)两投影及阶梯剖切符合；(b)剖切直观图；(c)阶梯剖面图正确画法；(d)阶梯剖面图错误画法

4. 展开剖面图

当形体有不规则的转折，或因有孔洞槽所以采用上述剖切方法都不能解决时，可采用两个或两个以上相交剖切平面将形体剖切开，所得到的剖面图，经旋转展开，平行于某个基本投影面后再作其正投影图称为展开剖面图，也称为旋转剖面图，如图 4-19 所示。

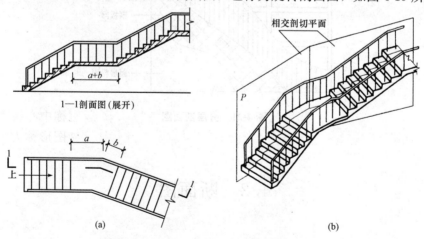

(a)   (b)

图 4-19　楼梯展开剖面图

(a)展开剖面图和展开剖切符号；(b)直观图

5. 局部剖面图

当形体仅需要一部分采用剖面图就可以表示内部构造时，可采用将该部分剖开形成局部剖面的形式，称为局部剖面图。局部剖面图的剖切平面也是投影面平行面。如图 4-20 所示为一个杯形基础及其局部剖面图。

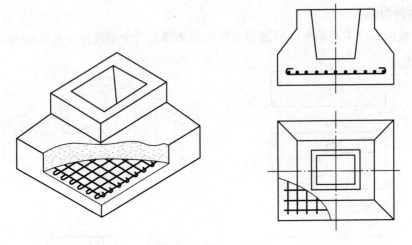

图 4-20　局部剖面图

6. 分层剖面图

对一些具有不同构造层次的建筑物，可按实际需要，用分层剖切的方法表示，从而获得分层剖面图。图 4-21 所示为墙面的分层剖面图，各层构造之间以波浪线为界且波浪线不应与轮廓线重合，不需要标注剖切符号。这种方法多用于表达地面、墙面、屋面等构件的内部构造。

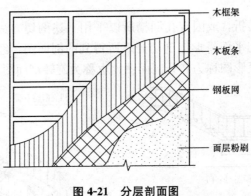

木框架

木板条

钢板网

面层粉刷

图 4-21　分层剖面图

4.2　断面图

4.2.1　断面图的形成

需要表示某一构件或某一部位的截面形状时，可以只画出形体与剖切平面相交的那部分图形，即用剖切平面将形体剖切后，仅画出剖切平面与形体接触断面的图形，同时，在剖切断面的实体部分画上材料图例，这样画出的图形称为断面图，简称断面。

在断面图的下方应写上与该图相对应的带有编号的图名，断面图的图名通常为"×—×"，一般不需要写"断面图"三个字，可用"1—1"或"A—A"表达。如图 4-22 中用"1—1""2—2"来表达断面图，并在图名下方画上图名线(粗实线)。

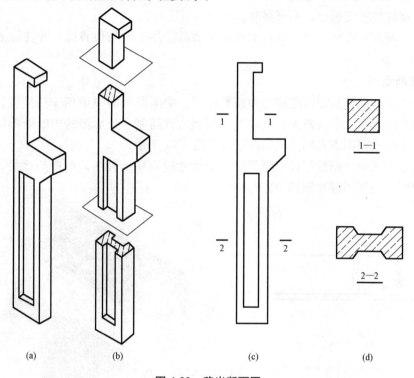

图 4-22　移出断面图
(a)立体图；(b)剖切位置；(c)投影图及标注；(d)断面图

4.2.2　断面图的种类

1. 移出断面图

将形体某一部分剖切后所形成的断面移开，画在形体投影轮廓之外，称为移出断面图。

2. 重合断面图

将断面图直接画在投影图中，使二者重合在一起，称为重合断面图。重合断面图可以看作将所截得断面图绕剖切平面的迹线旋转 90°，绘制在视图轮廓线内，如图 4-23 所示。

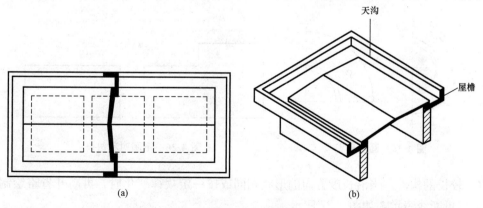

图 4-23　重合断面图

重合断面图的轮廓线一般用细实线画出，当视图中轮廓线与重合断面的图形重叠时，视图中的轮廓线仍连续画出，不可间断。

对称重合断面可省略标注，不对称重合断面需标注出剖切位置线，并注写数字以表示投影方向。

3. 中断断面图

画在投影图中断处的断面图称为中断断面图。中断断面图只适用于杆件较长、端面形状单一且对称的物体。中断断面图的轮廓线用粗实线绘制，投影图的中断处用波浪线或折断线绘制。中断断面图不必标注剖切符号，如图 4-24 所示。

画中断断面图时，原投影长度可缩短，但尺寸应完整地标注。画图的比例、线型与重合断面图相同，也无须标注剖切位置线和编号。

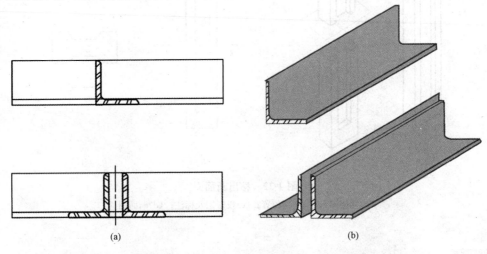

(a) (b)

图 4-24 中断断面图

4.2.3 断面图的简化画法

（1）构配件的视图有一条对称线，可只画该视图的一半；视图有两条对称线，可只画该视图的 1/4，并画出对称符号，如图 4-25 所示。图形也可稍超出其对称线，此时可不画对称符号，但须在图形端部加上细实线绘制的折断线或波浪线，如图 4-26 所示。

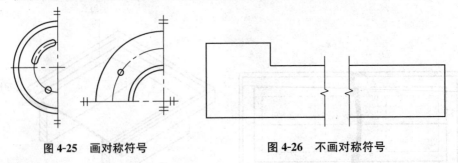

图 4-25 画对称符号   图 4-26 不画对称符号

（2）较长的构件，当沿长度方向的形状相同或按一定规律变化时，可断开省略绘制，断开处应以折断线表示，如图 4-27 所示。

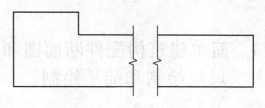

图 4-27 折断简化画法

(3)一个构配件若仅与另一个构配件部分不相同，该构配件可只画不同部分，但应在两个构配件的相同部分与不同部分的分界线处，分别绘制连接符号，如图 4-28 所示。

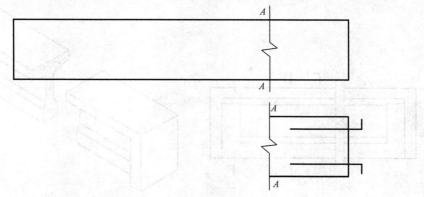

图 4-28 构件局部不同的简化画法

4.2.4 断面图与剖面图的区别

(1)断面图只画出物体剖切断面的形状即可，不包括剖切面后的轮廓，如图 4-29(b)所示；而剖面图除须画出剖切断面的形状外，还要画出剖切平面后的其他可见轮廓线。实际上，剖面图中包含着断面图，如图 4-29(a)所示。

(2)断面图和剖面图的符号也有不同，断面图的剖切符号只画长度 6~10 mm 的粗实线作为剖切位置线，不画剖视方向线，编号写在投影方向的一侧，如图 4-29(b)所示，编号 1 写在剖切位置的右侧，表示向右投射。

(3)剖面图中的剖切平面可转折，断面图中的剖切平面不可转折。

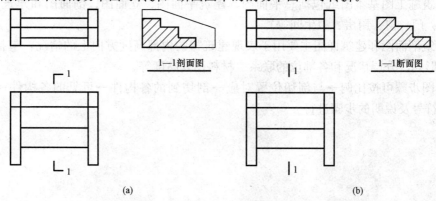

1—1剖面图　　　　　　　　1—1断面图

(a)　　　　　　　　　　(b)

图 4-29 剖面图与断面图的区别

(a)剖面图；(b)断面图

任务训练4 简单建筑构配件断面图和剖面图的尺规绘制和徒手绘制

1. 任务描述

画出某工字梁的断面图和剖面图,其正面投影与立体图如图 4-30 所示。

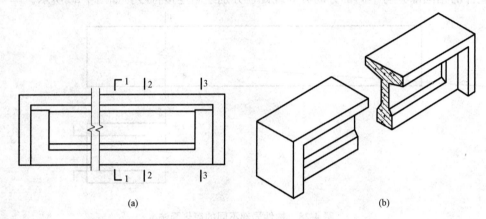

(a)   (b)

图 4-30 某工字梁正面投影与立体图

(a)正面投影图;(b)立体图

2. 任务提示

(1)尺规绘制时,按绘图流程开展任务。

(2)徒手绘制时,自定尺寸绘制。

(3)需要注意的是,2—2 断面图是 1—1 剖面图的一部分,2—2 断面图和 3—3 断面图由于剖切位置不同,所以图示的内容也不同。

本章小结

1. 建筑施工图基本图纸包括总平面图、建筑平面图、立面图、剖面图和建筑详图(墙身、楼梯、门、窗、厨房、卫生间等)。

2. 建筑剖面图和建筑详图主要用于表现建筑物的内部高度方向上的情况,包括内部结构或构造形式、分层情况和各部位的联系、材料及其高度等。

3. 识图步骤可按比例→与剖切位置对应→剖切到的各构件→可见的各构件→标高尺寸→其他符号及说明的步骤进行。

> 思考与练习

一、单项选择题(在每个小题的备选答案中,只有一个符合题意。)

1. 在土木工程图中有剖切位置符号及编号 ┌─────┐ ,其对应图 3-3 为( )。

A. 剖面图向左投影   B. 剖面图向右投影

C. 断面图向左投影   D. 断面图向右投影

2. 剖面图与断面图的最明显的区别是( )。

A. 前者是体的投影,后者是面的投影

B. 前者的剖切平面可以发生转折而后者不允许转折

C. 二者对投射方向的标注不一样

D. 剖面图包含断面图

3. 在建筑工程图中,普通砖的材料图例表示为( )。

A.   B.   C.   D.

4. 下列所示的标注内容,不是建筑剖面图上的有( )。

A. 楼面、屋面标高   B. 剖到门窗的宽度

C. 详图索引符号   D. 屋面排水坡度

5. 某建筑楼梯剖面图中有标注 $300 \times 10 = 3\,000$,表示该楼梯的踏步数为( )。

A. 9   B. 10   C. 11   D. 20

二、多项选择题(在每个小题的备选答案中,有两个或两个以上符合题意。)

1. 下列为剖面图的种类的有( )。

A. 全剖面图   B. 半剖面图

C. 局部剖面图   D. 中断剖面图

E. 阶梯剖面图

2. 下列为断面图的种类的有( )。

A. 中断断面图   B. 重合断面图

C. 移出断面图   D. 转折断面图

E. 阶梯断面图

3. 关于简化画法的描述,下列正确的有( )。

A. 对称的图形可只画 1/2

B. 上下、左右对称的图形可只画 1/4

C. 相同要素可只绘制 1~2 个,用点画线画出其余的位置,并标明总数

D. 较长的构件,如沿长度方向的形状相同或按一定规律变化,可以断开省略绘制

E. 一个构配件,如果绘制位置不够,应将图纸加长,不能分成几个部分绘制

4. 建筑剖面图表示的主要内容有( )。

A. 房屋内部的结构或构造形式

B. 建筑物的分层情况和各部分的联系

C. 承重结构所用材料

D. 墙体的布置

E. 电梯、楼梯、消防梯位置及楼梯上下方向

5. 建筑剖面图上包含的标注有(　　)。

A. 楼面、屋面标高　　　B. 楼梯踏步宽度尺寸　　C. 详图索引符号

D. 屋面排水坡度　　　　E. 窗底、窗顶标高

三、填空题

1. 假想用剖切平面将形体剖开，移去剖切平面与观察者之间的部分，将剩余部分投影到投影面上，并在断面上画上材料图例，所得的图形称为_____。

2. 在土建施工图中，材料图例 [　　　　　] 表示_____。

3. 要想知道房屋剖面图的剖切位置，应查阅建筑施工图中的_____。

第 5 章

识读建筑施工图

导读

　　施工图可分为建筑施工图、结构施工图和设备施工图。本章只介绍建筑施工图的基本知识、一般规范及初步识读技巧。对建筑工程技术专业的同学来说，会识读建筑施工图纸，对了解工程项目、指导工地现场施工有重要的意义。

　　建筑平面图如图 5-1 所示。

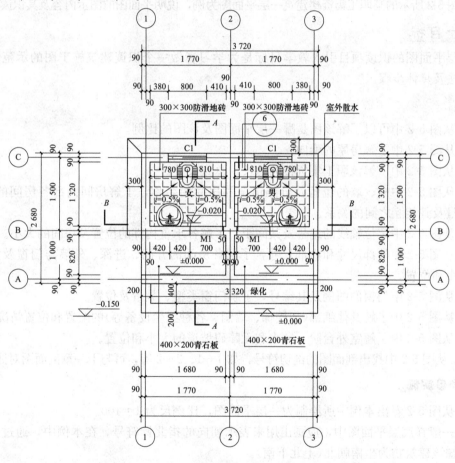

平面图 1 : 50

图 5-1　建筑平面图

知识目标

1. 了解建筑施工图纸识读的基本知识。

2. 了解建筑施工图纸一般规范。

3. 掌握建筑平面图、立面图的识读。

技能目标

能够区分建筑施工图的各种图纸，能够认识建筑施工图上的不同符号，初步能够识读建筑施工图。

项目引入 5　识读建筑一层平面图

项目说明

以图 5-2 所示的某职工集资楼建筑一层平面图为例，说明平面图的图示内容及其识读方法。

教学目标

一层平面图的识读项目引入教学目标是为学习者做一个识读建筑施工图的示范，展示识读方法及具体步骤。

工作任务

1. 从图 5-2 中可以了解该图是哪一层平面图及该图的比例。

2. 从图 5-2 中了解房屋的朝向。

3. 从图 5-2 中了解该职工集资楼的总长、总宽尺寸。

4. 从图 5-2 中柱、墙的位置及分隔情况和房间的名称，了解房间内部各房间的配置、用途数量及其相互之间的关系。

5. 从图 5-2 中定位轴线的编号及其间距，了解各承重构件的位置及房间的大小。

6. 从图 5-2 中外部尺寸和内部尺寸，了解各房间的开间、进深、外墙与门窗及室内设备的大小和位置。

7. 从图 5-2 中门窗的图例及其编号，了解门窗类型、数量及位置。

8. 从图 5-2 中了解其他细部(如楼梯、墙洞、各种卫生设备等)的配置和位置情况。

9. 从图 5-2 中了解室外台阶、散水和无障碍坡道的大小和位置。

10. 从图 5-2 中找出剖面图的剖切符号，如 1—1、2—2 等，可与下一章剖面图对照查阅。

项目实施

1. 从图 5-2 看出本例中所绘制为一层平面图，比例尺为 1∶100。

2. 一般在底层平面图中，应画出用来表示朝向的指北针符号。在本例中，通过观察指北针可知该建筑物为坐南朝北(上北下南)。

3. 该职工集资楼总长为 23.2 m、总宽为 9.5 m，可计算出房屋的占地面积为 220.4 m²。

4. 该职工集资楼一层只有一间教室，位于③～⑤轴交Ⓑ～Ⓒ轴；一间教师办公室，位于⑤～⑥轴交Ⓑ～Ⓒ轴；西面各有男、女卫生间一间，位于①～②轴交Ⓑ～Ⓒ轴。

5. 本例中横向定位轴线为①～⑥，纵向定位轴线为Ⓐ～Ⓒ。

6. 外部尺寸一般在图形的下方及左侧分三道注写，如图 5-3(a)方框内部分所示。

内部尺寸如图 5-3(b)方框内部分所示。

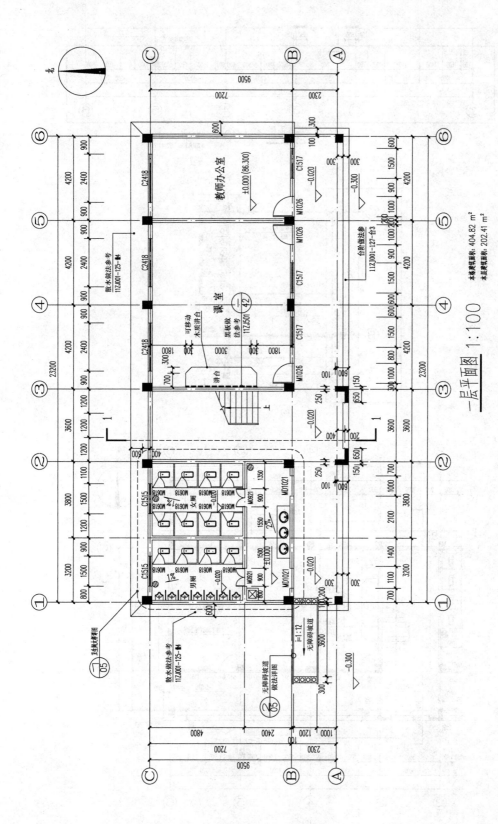

一层平面图 1:100

图 5-2　某职工集资楼建筑一层平面图

本栋建筑面积：404.82 m²
本层建筑面积：202.41 m²

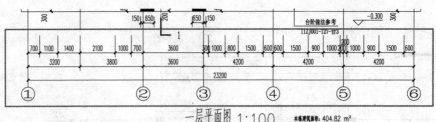

一层平面图 1:100   本栋建筑面积: 404.82 m²
本层建筑面积: 202.41 m²

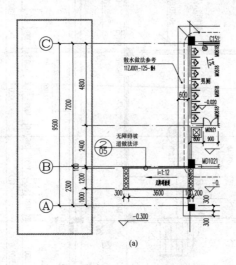

(a)

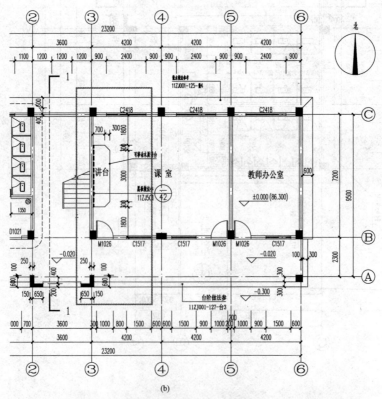

(b)

图5-3 平面图的尺寸注写

(a)平面图的外部尺寸注写; (b)平面图的内部尺寸注写

7. 图中门的代号是 M，窗的代号是 C。可在代号后面写上编号，如 M1、M2、…和 C1、C2、…。也可直接用数字表示门窗的宽度和高度。例如，本例中 M1026 表示门宽为 1 m，高为 2.6 m；C1517 表示窗宽为 1.5 m，高为 1.7 m。也可结合附图 1JS—06 中的门窗统计表来查看门窗尺寸。

8. 本例中的某职工集资楼只有一个楼梯，位于②～③轴交Ⓑ～Ⓒ轴。西面的男厕内有 4 个蹲位，7 个小便池；女厕有 8 个蹲位，厕所外有一个拖把池，一个洗手台内设三个洗脸盆。

9. 本例中的某职工集资楼南面为主入口，Ⓐ轴处有 2 级台阶，每级宽为 300 mm。东、西、北三面均设有散水，东、西两面散水宽为 600 mm，北面散水宽为 1 000 mm。西面有一个无障碍坡道，长度为 300＋3 600＋100＝4 000(mm)，即 4 m。

10. 剖面图的剖切符号 1—1 位于②～③轴间，1—1 剖面是一个剖切面通过楼梯间，剖切后向右投影所得的横剖面图。

5.1　建筑施工图概述

建筑施工图是根据正投影原理和相关的专业知识绘制的工程图样，其主要表达的是房屋的内外形状、平面布置、楼层层高及建筑构造、装饰做法等，简称"建施"。它是各类施工图的基础和先导，也是建筑工程项目审批、指导施工、编制工程造价文件和竣工验收、工程质量评价的依据之一，是具有法律效力的文件。

5.1.1　建筑施工图的产生

建筑施工图是由设计单位根据设计任务书的要求、有关的设计资料、计算数据及建筑艺术等多方面因素设计绘制而成的。其设计过程分为初步设计和施工图设计两个阶段。

1. 初步设计阶段

初步设计的主要任务是根据建设单位提出的设计任务和要求，进行调查研究、收集资料，提出设计方案。其内容包括必要的工程图纸、设计概算和设计说明等。初步设计工程图纸和有关文件只是作为提供方案研究和审批之用，不能作为施工的依据。

2. 施工图设计阶段

按照施工图的制图规定，绘制施工时作为依据的全部图纸。施工图要按国家制定的制图标准进行绘制(一个建筑物的施工图包括建筑施工图、结构施工图及给水排水、供暖、通风、电气、动力等设备的设备施工图)。施工图的详尽程度以能满足施工预算、施工准备和施工依据为准。施工图图纸必须详细完整、前后统一、尺寸齐全、正确无误，符合国家制图标准。

当工程项目比较复杂，许多工程技术问题和各工种之间的协调问题在初步设计阶段无法确定时，就需要在初步设计和施工图设计之间插入一个技术设计阶段。技术设计的主要任务是在初步设计的基础上，进一步确定各专业之间的具体技术问题，使各专业之间取得统一，达到相互配合协调的结果。在技术设计阶段，各专业技术人员均需绘制出相应的技术图纸，写出有关设计说明和初步计算等，为第三阶段施工图设计提供比较详细的资料。

5.1.2　建筑施工图与视图关系

在前面章节的学习中已经知道建筑物的投影图、剖面图和断面图等视图是在建筑物已经建好的情况下得到的，未建成的建筑物是没有对应的投影图的。因此，建筑施工图中的各种视图是在初步设计阶段和技术设计阶段由设计人员通过建立初步的各个局部立体图，并用正投影法则对这些立体图进行投影、剖切和截断获得的初步的视图，然后在施工图设计阶段按国家制定的制图标准进行绘制，补齐尺寸和比例，设置轴线和标高，添加符号和线型，加注图纸说明等。例如，将第 4 章的项目引入 4(建筑物的投影图、剖面图和断面图)中的一层剖面图和一层建筑平面图(施工图的一种)相比较就很清楚地说明问题，图 5-4(a)所示为一层剖面图，图 5-4(b)所示为一层建筑平面图，这两张视图的形状是一样的，只不过由于建筑平面图加入了尺寸和比例、轴线和标高、符号和线型、图纸说明等后显得很复杂。

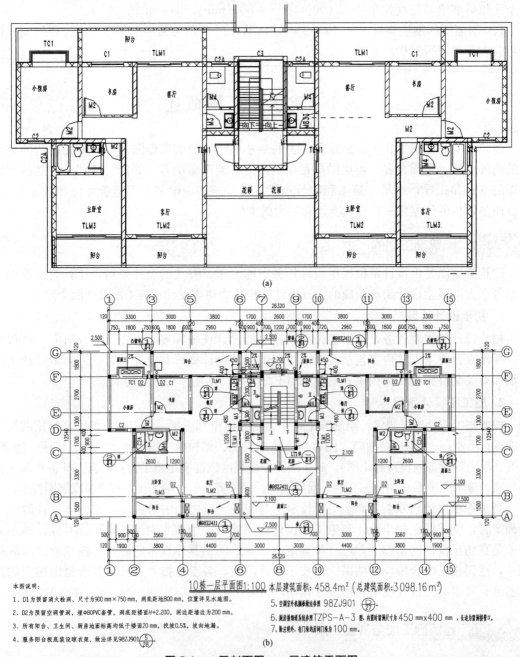

本图说明：

1. D1为预留消火栓洞，尺寸为900 mm×750 mm，洞底距地800 mm，位置详见水施图。
2. D2为预留空调管洞，埋Φ80PVC套管，洞底距楼面H+2.200，洞边距墙为200 mm。
3. 所有阳台、卫生间、厨房地面标高均低于楼面20 mm，找坡0.5%，坡向地漏。
4. 服务阳台板底装设晾衣架，做法详见98ZJ901 ⑤/㉘。
5. 空调室外机搁板做法参照 98ZJ901 ⑨/㉗。
6. 厨房排油烟系统参照TZPS-A-3型，内置时留洞尺寸450 mm×400 mm，长边为空调接管口。
7. 除注明外，有门集的房间门垛为100 mm。

图 5-4 一层剖面图、一层建筑平面图

(a)一层剖面图；(b)一层建筑平面图

1. 建筑施工图的分类

建筑施工图包括总平面图、平面图、立面图、剖面图、详图等，主要表明建筑物的总体布局、外部造型、内部布置、细部构造、内外装饰等情况。其中，总平面图、平面图、立面图、剖面图又称为基本图，基本图表示全局性的内容；详图则表示某些构配件和局部节点构造等详细情况。

2. 建筑施工图的编排顺序

(1)图纸目录：说明该套图纸有几类，各类图纸分别有几张，每张的图号、图名、图幅大小。编制图纸目录的目的是便于查找图纸。

以附录1"某小学1号教学楼建筑施工图"为例，图5-5所示为该工程建筑施工图的图纸目录。

图纸目录

建设单位			××市某小学			编号	ML—01
项目名称(子项名称)			1号教学楼			第1页共1页	
设计号	GX201601	设计阶段	施工图	专业	建筑	日期	××××.11

序号	图号 (通知单编号)	图名	更改记录		备注
			涉及的原图号	更改标识	
1	ML—01	图纸目录			A4
2	JS—S01	建筑设计总说明			A2
3	JS—Z01	总平面定位图			A2
4	JS—01	一层平面图　二层平面图			A2
5	JS—02	屋顶平面图　①～⑥轴立面图			A2
6	JS—03	⑥～①轴立面图　Ⓒ～Ⓐ轴立面图 Ⓐ～Ⓒ轴立面图　1—1剖面图			A2
7	JS—04	楼梯间大样			A2
8	JS—05	公共卫生间大样　节点大样			A2
9	JS—06	门窗大样　门窗表　室内外装修做法表			A2

图5-5　某小学1号教学楼建筑施工图图纸目录

(2)建筑设计总说明：列出施工图的设计依据，本项目的设计规模和建筑面积，本项目的相对标高与绝对标高的对应关系，室内、室外的用料和施工要求说明、门窗表等。对于简单的工程，以上各项内容可分别在各专业图纸上写成文字说明。

以附录1"某小学1号教学楼建筑施工图"为例，如图5-6所示为该工程的施工图设计总说明(参见附录1"某小学1号教学楼建筑施工图"JS—S01图)。

施工图设计总说明

1. 设计依据
1.1 建设单位委托的设计合同及设计要点。
1.2 建设单位认可的设计方案。
1.3 《民用建筑设计统一标准》(GB 50352—2019)。
1.4 《建筑设计防火规范》(2018年版)(GB 50016—2014)。
1.5 《公共建筑节能设计标准》(GB 50189—2015)。
1.6 《无障碍设计规范》(GB 50763—2012)。
1.7 《民用建筑隔声设计规范》(GB 50118—2010)。
1.8 《建筑内部装修设计防火规范》(GB 50222—2017)。

2. 项目概况
2.1 本工程为"××市某小学教学楼"。建设单位为某小学。
2.2 总建筑面积：404.82 ㎡。
2.3 建筑层数、高度：地上2层，主体建筑檐口高度为7.70 m。
2.4 建筑结构形式为钢筋混凝土框架结构，设计使用年限为50年。
2.5 本工程建筑抗震设防烈度为Ⅱ级。

3. 尺寸及标高
3.1 相对标高±0.000相当于绝对标高86.300；建筑标高以室外...定位详见平面总定位图。
3.2 除标高以m为单位外，其他尺寸以mm为单位。

4. 墙体工程
4.1 墙体的基础部分详见相应结构图。
4.2 内外墙均为钢筋混凝土墙。所有内隔墙为墙厚度为100 mm厚混凝土空心砌块；其余外墙、内围护墙、内隔墙均用200 mm厚混凝土空心砌块，用M7.5砂浆砌筑；墙体主要墙身加气电气管专业以及见电气管专业图。内隔墙主要为砌体建筑，墙体技术要求以及设备安全以及设备安全要求见混凝土小型空心砌块（14614）。
4.3 墙身防潮层：墙身在室内地面下约60 mm处做20 mm厚1:2水泥砂浆内掺5%防水剂的墙身防潮层（在此标高处为钢筋混凝土墙时，则不需要做墙身防潮层）；室内地坪变化处均采用防潮层，墙上设备管道与墙面以及以电气管等安装，墙上设备面交与墙重叠搭接300 mm，并在交接处做20 mm厚1:2水泥砂浆防潮层。
4.4 墙体其他
4.4.1 墙体主要墙身见相应结构图，电施及及设备图。
4.4.2 预留洞的封堵：混凝土墙的柱留孔洞见相应结构图。某些砌筑墙等留洞等四周放以1:2水泥砂浆填。
4.4.2 预留洞的封堵：预留孔洞、预埋机位，并按预埋件四周放线以1:2水泥砂浆填。
4.5 安装工程（空调机位、管道、螺栓等均应安装预埋，某些砌筑墙等设备安装完毕后，方在预埋件所在之处用C15混凝土预填。

5. 屋面工程
5.1 本工程屋面防水等级为Ⅲ级，气候性能分级分为5级，隔声性能分级为3级。防水层合理使用年限为10年。主要性能，设防水层为屋面防水材料防水。防水卷材为4 mm厚APP改性沥青防水卷材。主要性能（聚酯胎毡）：拉力为纵横向≥450 N/50mm，最大拉力时延伸率≥30%，2h内耐热度≥110℃，低温柔度为-5℃，不透水性30 min以上不透水压力0.3 MPa。
5.2 屋面做法详见相应"屋顶平面图"。
5.3 屋面排水及屋面管沟详见屋顶平面图。
5.4 屋面女儿墙与构造连接，构造做法详见节点中南98ZJ201-20-a，同距大于3 600 mm，凡转角处必须设置。

6. 门窗工程
6.1 门窗立面尺寸见图。门窗加工前门窗加工厂复测门窗洞口尺寸，门窗洞口尺寸以实际尺寸为准，不得...调整。
6.2 门窗立面见"门窗表"，外门窗立樘中，内门窗立樘平齐；单向开，内向开，单向开...双向开...所有门...
6.3 门立樘分...门窗框...颜色、玻璃详见国家标准规定配件。
6.4 窗的安装要求按现行国家标准图集和有关标准规程进行。

7. 外装修工程
7.1 本工程外装修详见"室内外装修做法表"，外墙装饰构件做法索引详图立面图及外墙详图。
7.2 外装修所用的各项材料的材质、规格、颜色等，均由施工单位确认后设计样，并报此验收。

8. 内装修工程
8.1 本工程内装修执行《建筑内部装修设计防火规范》(GB 50222—2017)。楼地面部分执行《建筑地面设计规范》(GB 50037—2013)。除图中另有注明外，均位于本地坪标高。
8.2 本工程内装修交接处和地坪标高变化处，除图中另有注明外，均位于本地坪标高。楼地面与墙面交接处均用木材收口，所有装修材料收口面。
8.3 凡设有地漏的房间均做整个房间内坡度，均做向地漏。
8.4 墙面...本工程内均沿四周墙面做C20素混凝土150高（门洞除外），并经试水确认无渗漏后方可继续施工。
8.5 卫生间楼地坪下500 mm...扶手做法分别见中南11ZJ401-5-W，-27-8；楼梯栏杆水平段水度大于1050 mm...临空面高度为200 mm。
8.6 本工程内装修详见"室内外装修做法表"，所选装修材料仪标注参考，建设单位可另选...需要进行调整。
8.7 未注明的内装修的各项材料、做法等，经设计单位确认样和做法等，经计样和...后进行验收。

9. 油漆涂料工程
9.1 本工程内涂料采用白色乳胶漆，外墙涂料采用有机有机硅酸醋酯复合型。建设单位自定，质量要应达到抗污染，环保型有机硅醋型涂料的相应要求。
9.2 木门、木扶手等露明金属件均采用防锈漆两道，做法详见中南112ZJ001-89-涂5。
9.3 室内外各项涂刷油漆均均采用防锈油漆两道，做法详见中南112ZJ001-87-涂2。
9.4 预埋铁件外露部分均做防锈漆两道，背面做...铁件均应做防锈漆两道，并据此进行验收。
9.5 各项油漆涂料均应由施工单位进行封样，经确认样后进行验收。

10. 节能设计
10.1 本工程所在地××市××区属夏热冬暖地区。按公共建筑节能标准进行设计。
10.2 本工程节能措施中采用的保温材料应达到相应指标：挤塑型聚苯乙烯保温板干密度为25～35 kg/m³，导热系数为0.36；蓄热系数为0.03，蓄热系数为0.06，蓄热系数为2 900 kg/m³，导热系数应为0.03，蓄热系数为0.95。
10.3 本工程经设计计算并未采用的建筑与构造做法，送到国家及××省相关节能设计（具体详见专篇）。

11. 其他
11.1 本工程所选用图中有材料有构件对材料对结构工种的预埋件，预留洞，板及构件沿墙留洞的各种预留与建筑与预埋件应由各工种配合，图中所标注的各种预留洞预埋件，立即埋设，为防止损坏。
11.2 凡墙体与现浇混凝土接墙沿双面挂钢丝网，沿缝两边各100 mm宽度，预留16目钢丝网，待墙粉现浇混凝土过梁后，立即现浇混凝土过梁分区楼。
11.3 本说明未尽事宜，应按现行国家有关规范和规定执行。
11.4 本设计单位未经国家要求为现浇图集和规范的规定配件。所有门中与设计单位共同协商解决。

图 5-6　某小学1号教学楼施工图设计总说明

图 5-6　某小学1号教学楼建筑设计总说明

5.1.4 建筑施工图的图示特点

(1)为保证图纸质量，提高制图和识图的效率，在绘制建筑施工图时，必须严格遵守最新的制图标准，当今最新的制图标准包含《房屋建筑制图统一标准》(GB/T 50001—2017)、《总图制图标准》(GB/T 50103—2010)、《建筑制图标准》(GB/T 50104—2010)。在第1章已经说明，制图标准都会根据需要定期更新，但制图的基础知识、原理及要求不会改变。上述的三个新规范修改部分主要为新增协同设计规则、修改补充计算机辅助制图文件规则和制图图层及计算机辅助制图规则。这些修改内容在本书中均未涉及，故本章不予以介绍，读者如要了解可参考其他书籍。

(2)施工图中的各图样主要是用正投影法绘制的。通常，在 H 面上作平面图，在 V 面上作正、背立面图，在 W 面上作剖面图或侧立面图。图幅的大小允许时，可将平面图、立面图、剖面三个图样按投影关系画在同一张纸上，以便于阅读。如图幅过小，平面图、立面图、剖面图可单独画出。

(3)由于房屋体型较大，所以施工图一般都用较小比例(如1∶100、1∶150、1∶200)绘制。由于房屋内部各部分构造较复杂，在小比例的平面图、立面图、剖面图中无法表达清楚，所以还要配以大量较大比例(如1∶50、1∶20、1∶10)的详图。

(4)由于房屋的构配件和材料种类很多，为作图简便起见，国家标准规定了一系列的图形符号来代表建筑构配件、卫生设备、建筑材料等，这种图形符号称为图例。为方便读图，国家标准还规定了许多标注符号。建筑施工图中往往会出现大量图例图号。

5.1.5 建筑施工图中常用的符号和图例

1. 定位轴线

建筑施工图中用来确定主要承重构件(如基础、墙、柱、梁、屋架等)位置的轴线称为定位轴线。它是施工定位放线和查阅图纸的重要依据。

定位轴线的画法及编号规定如下：

(1)定位轴线用单点长画线绘制，轴线编号用细线圆表示。直径一般为8～10 mm，圆心在定位轴线的延长线或延长线的折线上，如图5-7所示。

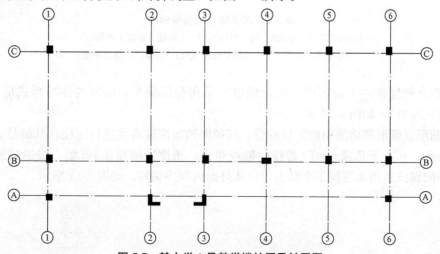

图5-7　某小学1号教学楼柱网及轴网图

(2)平面图上定位轴线编号，横向编号用阿拉伯数字，从左至右顺序编写；竖向编号用大写英文字母，从下至上顺序编写，如图 5-7 所示。英文字母中的 I、O、Z 三个字母不得作为轴线编号，以免与数字 1、0、2 发生混淆。当字母不够用时，可增用双字母或单字母加数字注脚。

(3)在标注非承重墙的分隔墙或次要的承重构件时，可以采用附加轴线，其编号用分数表示。两根轴线之间的附加轴线，分母表示前一轴线的编号，分子表示附加轴线的编号，分子宜用阿拉伯数字顺序编写；在①号轴线和Ⓐ号轴线之前附加的轴线应在分母编号前加 0 表示，分子仍然为附加轴线的编号，如图 5-8 所示。

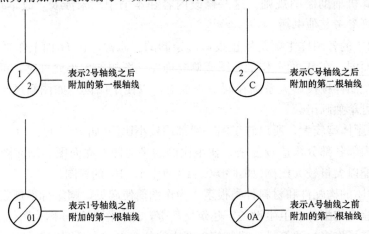

图 5-8　附加轴线的编号

(4)一个详图适用于几根轴线时，应同时注明各有关轴线的编号，如图 5-9(a)、(b)、(c) 所示。通用详图的编号应只画圆圈，不注写轴线编号，如图 5-9(d)所示。

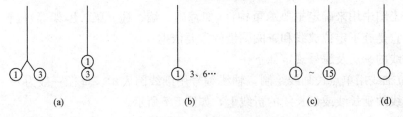

图 5-9　定位轴线的各种标注

(a)详图用于 2 根轴线时；(b)详图用于 3 根或 3 根以上轴线时；
(c)详图用于 3 根以上连续编号的轴线时；(d)通用详图的轴线

(5)组合较复杂的平面图中定位轴线也可采用分区编号，编号的注写形式应为"分区号－该分区编号"，如图 5-10 所示。

(6)圆形或弧形平面图中的定位轴线，其径向轴向应以角度进行定位，其编号宜用阿拉伯数字表示，从左下角或−90°(若径向轴线很密，角度间隔很小)开始，按逆时针顺序编写；其环向轴线宜用大写拉丁字母表示，从外向内顺序编写，如图 5-11 所示。

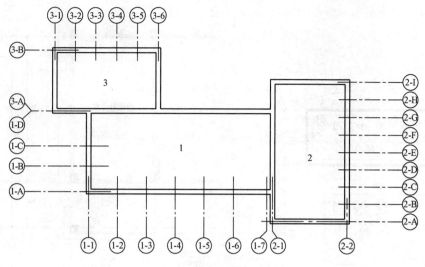

图 5-10 定位轴线的分区编号

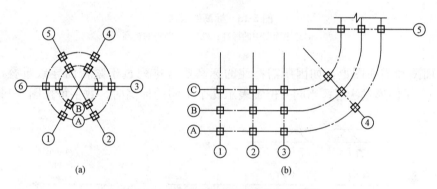

(a)   (b)

图 5-11 圆形和弧形平面图的定位轴线

(a)圆形平面定位轴线的编号；(b)弧形平面定位轴线的编号

2. 标高符号

建筑物中的某一部位与所确定的水准基点的高差称为该部位的标高。在施工图中，常用标高符号表示某一部位的高度。标高符号应以细实线绘制，为一等腰三角形，等腰三角形的高约为 3 mm，如图 5-12 所示，左图为总平面图中标高的画法，右图为平面图中标高的画法。

图 5-12 标高的画法

标高以米(m)为单位，一般注写至小数点后三位(总平面图可标注小数点后两位)。

建施中的标高数字表示其完成面的数值。零点的标高注写成"±0.000"；低于零点的标高，在标高数字前加注"-"号；高于零点标高的，标高数字前不加任何符号，如图 5-13 所示。

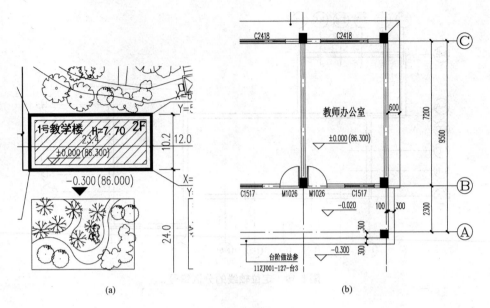

图 5-13　标高的画法

(a)总平面图中的标高；(b)平面图中的标高

在立面图和剖面图上，如因所需标注的标高符号排列过于紧密而导致重叠，则可按图 5-14(a)所示的形式注写；当同一位置表示几个不同的标高时，数字可按图 5-14(b)所示的形式注写。

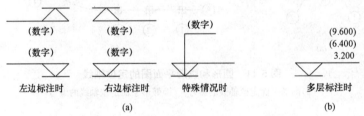

图 5-14　特殊情况下标高符号的注法

(a)总平面图中的标高；(b)平面图中的标高

(1)绝对标高。绝对标高是以一个国家或地区统一规定的基准面作为零点的标高。我国规定以青岛附近黄海夏季的平均海平面作为标高的零点，所计算的标高称为绝对标高。在总平面图中应采用绝对标高。

(2)相对标高。相对标高是以建筑物室内首层主要地面高度作为标高零点，所计算的标高称为相对标高。在除总平面图外的其他图中应采用相对标高。

相对标高又分为建筑标高和结构标高。在相对标高中，凡是包括装饰层厚度的标高，称为建筑标高，注写在构件的装饰层面上；在相对标高中，凡是不包括装饰层厚度的标高，称为结构标高，是构件的安装或施工高度。建筑标高用在建筑图中，结构标高用在结构图中。

如前面图 5-13(b)中，±0.000 是相对标高，而其后括号中的(86.300)则是绝对标高。

3. 索引符号和详图符号

图样中某局部或构件如需另见详图时，常用索引符号和详图符号注明详图和基本图之间的关系，即在需要画出详图的部位用索引符号引出，而索引引出的详图则应画出详图符号，两者必须一致，以方便施工时查阅图样。

（1）索引符号。索引符号是用一条引出线（细实线）指出要画详图的地方，在线的另一端画一个细实线圆，其直径为 10 mm。引出线应对准圆心，圆内过圆心画一水平线，上半圆中用阿拉伯数字注明该详图的编号，下半圆中用阿拉伯数字注明该详图所在位置或详图所在的图纸编号，如图 5-15（a）所示；如详图与被索引的图样在同一张图纸内，则下半圆中间画一水平细实线，如图 5-15（b）所示；如详图采用标准图册中的图，则应在索引符号水平直径的延长线上注写出所用标准图册的编号，如图 5-15（c）所示。

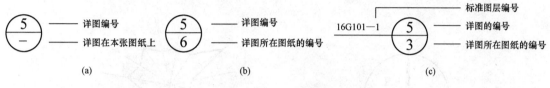

图 5-15　索引符号

（2）当索引符号的详图是局部剖面（或断面）的详图时，则应在索引符号引出线的一侧加画一条粗实线表示剖切位置线。引出线在剖切位置的哪一侧，即表示该剖面（或断面）向哪个方向投射，如图 5-16 所示。

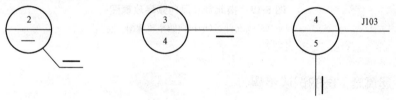

图 5-16　剖面（断面）详图索引符号

如图 5-17 所示的索引符号，表示该女儿墙大样在 JZ－9 图纸上的编号为 4 的详图内。该大样剖切位置位于 Ⓕ 轴上，该剖面向右方投射。

（3）详图符号。在画出的详图上，必须标注详图符号，以表示详图的编号和被索引的位置。详图符号应以粗实线绘制，直径为 14 mm，圆内注写详图编号；当详图与被索引图的图样不在同一张图纸内时，可用细实线在详图符号内画一水平直径，上半圆注写详图编号，下半圆注写被索引的图纸编号，如图 5-18 所示。

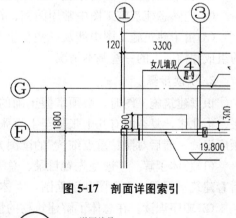

图 5-17　剖面详图索引

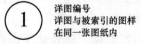　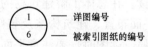

图 5-18　详图编号

4. 指北针和风向频率玫瑰图

在建筑底层平面图上，应画上用以表示房屋朝向的指北针符号，指北针用细实线绘制，圆的直径为 24 mm，指北针尾部宽度宜为圆的直径的 1/8，约为 3 mm，指针尖端应注"北"

或"N"字，如图 5-19(a)所示。

在总平面图中，通常要画出带有指北方向的风向频率玫瑰图(简称风玫瑰图)，用来表示该地区常年的风向频率和房屋朝向。风向频率玫瑰图是根据某一地区多年平均统计的各个方向吹风次数的百分值，按一定比例绘制的，一般用 8 个或 16 个方位表示。风向频率玫瑰图中风的吹向是从外吹向中心，实线表示全年风向频率，虚线表示夏季风向频率，如图 5-19(b)所示。有的总平面图上只画指北针而不画风向频率玫瑰图。

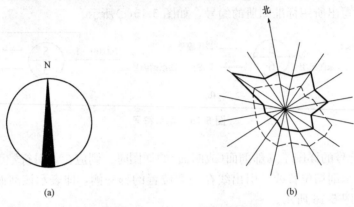

图 5-19　指北针和风向频率玫瑰图

(a)指北针；(b)风向频率玫瑰图

5.1.6　建筑施工图的识读步骤

1. 基础知识

(1)应掌握作投影图的原理和形体的各种表达方法。

(2)应熟悉建筑施工图中常用图例、符号、线型、尺寸和比例的意义。

(3)由于建筑施工图中涉及一些专业上的问题，故应在学习过程中善于观察，了解房屋的组成和构造上的一些基本情况。

2. 识读步骤

识读建筑施工图时，必须掌握正确的识读方法和步骤。一套建筑施工图，简单的有几张、十几张，复杂的有几十张甚至上百张，在识读整套建筑施工图时，应按照"总体了解、顺序识读、前后对照、重点细读"的读图方法。

(1)总体了解。一般是先看目录、总平面图和设计总说明，以大致了解工程的概况，然后看建筑平面图、立面图和剖面图，大体上想象建筑物的立体形象及内部布置。

(2)顺序识读。在总体了解建筑物的情况以后，根据施工的先后顺序，按照基础、墙体(或柱)、结构平面布置、建筑构造及装修的顺序，仔细阅读有关图纸。

(3)前后对照。读图时，要注意平面图、剖面图对照着读，建筑施工图和结构施工图对照着读，土建施工图与设备施工图对照着读，做到整个工程施工情况及技术要求心中有数。

(4)重点细读。根据工种的不同，将有关专业施工图再有重点地仔细读一遍，并将遇到的问题记录下来，及时向设计部门反映。

识读一张图纸时，应采取由外向内、由大到小、由粗到细、图样与说明交替、有关图纸对照看的方法，重点看轴线及各种尺寸关系。

5.2 图纸目录、建筑设计总说明及建筑总平面图的识读

5.2.1 图纸目录

图纸目录一般以表的形式列出各图纸的图号及内容，以便查阅。以某小学 1 号教学楼建筑施工图（附录 1）为例，图纸目录列有建设单位、项目名称、设计号、施工阶段、专业、编号及日期，还有该套施工图纸的所有图号、相对应的图名及其图纸规格等。

图 5-5 所示为该建筑施工图的图纸目录。从图纸目录上可以看到有一份建筑设计总说明、一份总平面定位图、两份平面图（其中一份图为一层平面图和二层平面图，另一份为屋顶平面图）、两份立面图（其中一份为①～⑥轴立面图，另一份为⑥～①轴立面图、ⓒ～Ⓐ轴立面图、Ⓐ～ⓒ轴立面图）、一份剖面图（1—1 剖面图）和三份详图（楼梯间大样、公共卫生间大样、节点大样、门窗大样和门窗表）。

整个施工图按图纸内容的主次关系系统地排列。例如基本图在前，详图在后；总体图在前，局部图在后；主要部分在前，次要部分在后；布置图在前，构件图在后；先施工的图在前，后施工的图在后等。

5.2.2 建筑设计总说明

建筑设计总说明是一份关于建筑设计的说明书，一般放在建筑施工图的首页，内容一般有本施工图的施工依据、工程地质情况、工程设计的规模与范围、设计指导思想、技术经济指标等。对于图上未能详细说明的材料、构造作法、具体要求及其他情况也可作具体的文字说明。图 5-6 所示为某小学 1 号教学楼建筑设计总说明，设计总说明包含了设计依据、项目概况、尺寸及标高、墙体工程、屋面工程、门窗工程、外装修工程、内装修工程、油漆涂料工程、节能设计、其他施工中注意事项等。

5.2.3 建筑总平面图的识读

建筑总平面图是在地形图上画出新建、拟建、原有和拆除建筑物的水平轮廓线，以及周边环境的图样。其表明新建房屋的平面轮廓形状和层数、与原有建筑的相对位置、地貌地形、道路和绿化的布置等情况，是新建房屋与其他设施的施工定位、施工总平面设计，以及水、暖、电、燃气等管线总平面图设计的依据。

1. 图示内容

（1）测量坐标网或建筑坐标网。如图 5-20 所示，教学楼 4 个角点处均标注了 X、Y 轴坐标（参见附录 1"某小学 1 号教学楼建筑施工图"中 JS—Z01 图）。

（2）新建建筑的定位尺寸、名称（编号）、层数及室内外标高。如图 5-21 所示，该工程拟建建筑物名称为"1 号教学楼"，长 23.4 m，宽 10.2 m。该教学楼右上角的数字"2F"表示该教学楼一共有 2 层，楼高 $H=7.7$ m，该楼±0.000 相当于绝对标高 86.300 m。室外标高−0.300 m，相当于绝对标高 86.000 m。

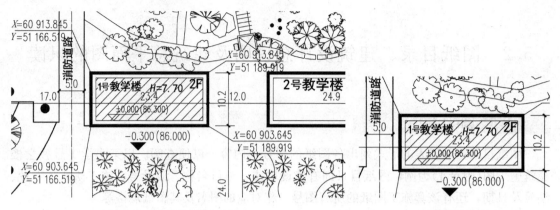

图 5-20　拟建建筑的角点坐标

图 5-21　拟建建筑的尺寸、名称、
层数及室内外标高

（3）原有建筑和拆除建筑的位置。如图 5-22 所示，该工程所在地块无待拆除的建筑，2 号、3 号教学楼为原有建筑。原有建筑与拟建 1 号教学楼的位置关系在该建筑总平面图中也有表示。例如，3 号教学楼与 1 号教学楼距离为 24 m。

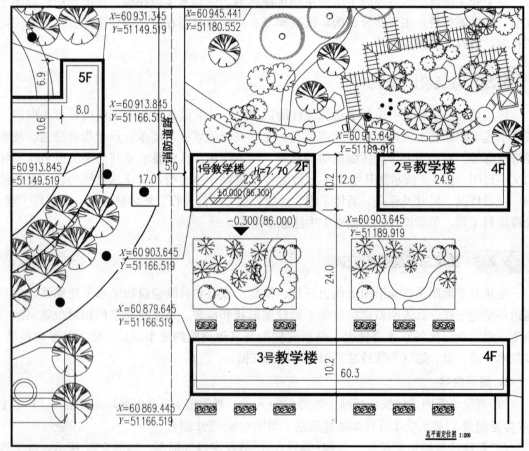

图 5-22　拟建建筑与原有建筑

（4）新建区域地形、地貌、高程、道路、绿化等内容。

2. 比例、图线和图例

建筑总平面图一般采用 1∶500、1∶1 000、1∶2 000、1∶5 000 的比例。由于绘图比例较小，在建筑总平面图中所表达的对象，要用《总图制图标准》(GB/T 50103—2010)中所规定的图例来表示。常用建筑总平面图图例见表 5-1。

表 5-1 建筑总平面图图例

序号	名称	图例符号	备注
1	新建建筑物	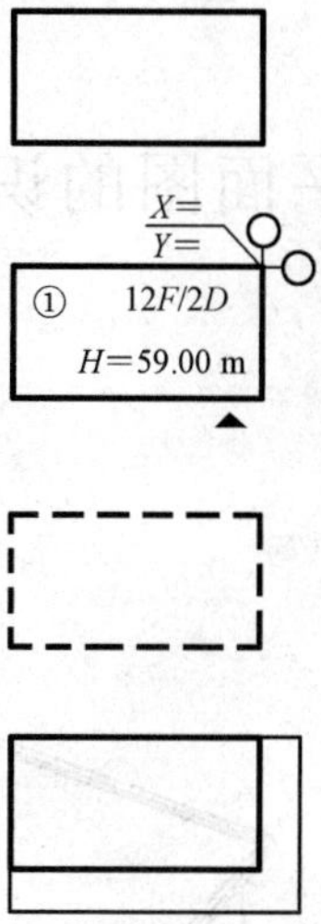 $X=$ / $Y=$ ① 12F/2D H=59.00 m	新建建筑物以粗实线表示与室外地坪相接处±0.000外墙定位轮廓线。 建筑物一般以±0.000高度处的外墙定位轴线交叉点坐标定位。轴线用细实线表示，并标明轴线号。 根据不同设计阶段标注建筑编号，地上、地下层数，建筑高度，建筑出入口位置(两种表示方法均可，但同一图纸应采用同种表示方法)。 地下建筑物以粗虚线表示其轮廓。 建筑上部(±0.000以上)外挑建筑用细实线表示。 建筑物上部连廊用细虚线表示并标注位置
2	原有建筑物	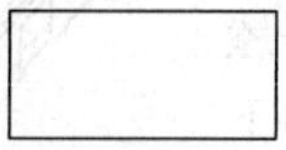	用细实线表示
3	计划扩建的预留地或建筑物		用中粗虚线表示
4	拆除的建筑物	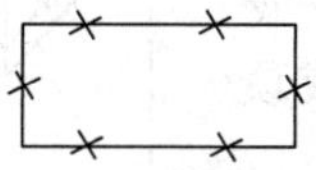	用细实线表示
5	围墙及大门	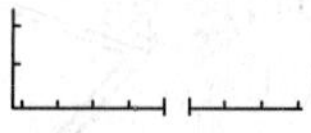	—
6	坐标	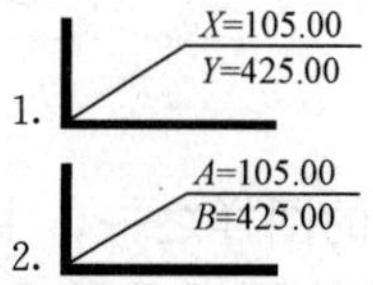 1. $X=105.00$ / $Y=425.00$ 2. $A=105.00$ / $B=425.00$	1. 表示地形测量坐标系； 2. 表示自设坐标系； 坐标数字平行于建筑标注
7	挡土墙	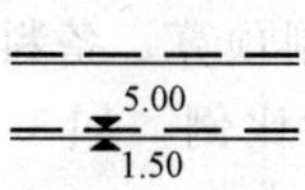 5.00 / 1.50	挡土墙根据不同设计阶段的需要标注 墙顶标高 墙底标高
8	透水路堤	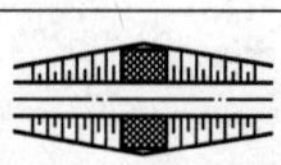	边坡较长时，可在一端或两端局部表示

3. 总平面图上的标高

总平面图中所注尺寸是以 m 为单位，可注写至小数点后两位，不足时以"0"补齐。总平面图中标注的标高应为绝对标高，如标注相对标高，则应注明相对标高与绝对标高的换算关系。总平面图中标高数字同样是以 m 为单位，注写至小数点后两位。"国标"规定施工图标高数字除总平面图外，一律注写到小数点后三位。也就是说，总平面图中所有的尺寸和标高数字均注写到小数点后两位。当地形起伏较大时，常用等高线来表示地面的自然状态和起伏状态。

5.3 建筑平面图的识读

5.3.1 建筑平面图的形成和作用

1. 建筑平面图的形成

在第 4 章已经讲述，除顶层直接在水平面投影外，建筑物内部都是假想用一个个水平剖切平面沿门窗洞口将房屋按层剖切开，移去剖切平面以上部分，将余下的部分按正投影原理投射在水平投影面上所得到的图，称为建筑平面图，如图 5-23 所示。一般房屋有几层，就应画出几个平面图，并在图的下方注明相应的图名，如屋面平面图、一层平面图或底层平面图、二层平面图等。当某些楼层平面布置相同时，可以只画出其中一个平面图，称其为标准层平面图。屋面需要专门绘制其水平投影图，称为屋顶平面图或顶层平面图。

同一张纸上绘制多于一层的平面图时，各层平面图宜按层数的顺序从左至右或从上至下布置。平面较大的建筑物，可分区绘制平面图，但应绘制组合示意图。

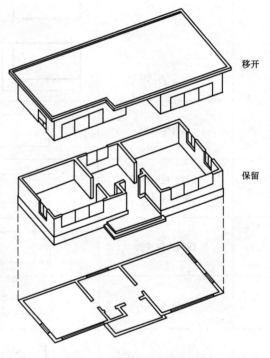

移开

保留

图 5-23 建筑平面图的形成

2. 建筑平面图的作用

建筑平面图是建筑施工图中最基本的图样之一，主要表示建筑物的平面形状、大小、房屋布局、门窗位置、楼梯、走道、墙体厚度及承重构件的尺寸等。其是施工、放线、砌筑、安装门窗、做室内装修，以及编制预算、备料等功能工作的依据。房屋的建筑平面图一般比较详细，通常采用比较大的比例，如 1：100、1：50，并标出实际的详细尺寸。

5.3.2 建筑平面图的图示内容

(1)房屋的平面形状、各层的平面布置情况；

(2)各房间的分隔和组合、房间名称；

(3)出入口、门厅、走廊、楼梯等的布置和相互关系；

(4)各种门、窗的布置；

(5)室外台阶、花名、室内外装饰；

(6)明沟、雨水管的布置等；

(7)厕所、盥洗室内固定设施的布置；

(8)注写轴线、尺寸及标高等。

5.3.3 建筑平面图的识读实例

现以图 5-24 的某小学 1 号教学楼屋顶平面图为例(参见附录 1"某小学 1 号教学楼建筑施工图"中 JS—02 图)，说明平面图的图示内容及其识读方法。

(1)从图名看出该图为屋层平面图，比例为 1∶100。

(2)了解房屋的朝向，一般在底层平面图中看表示朝向的指北针符号(参见附录 1"某小学 1 号教学楼建筑施工图"中 JS—02 图)。朝向与一层平面相同。

(3)总长、总宽尺寸与一层平面相同。

(4)该屋面为不上人屋面，在Ⓐ轴×②轴处设有一屋面检修孔，内径为 700 mm×700 mm。采用建筑找坡排水，排水方向为北面。在Ⓒ轴处有一排水沟，在①轴与⑥轴处设有两个排水口。

(5)了解各承重构件的位置及房间的大小。

(6)了解各房间的开间、进深、外墙与门窗及室内设备的大小和位置。

(7)从图中门窗的图例及其编号，可了解门窗的类型、数量及其位置。

(8)从图中还可了解其他细部(如楼板、搁板、墙洞和各种卫生设备等)的配置和位置情况。

(9)图中还表示出室外台阶、花池、散水和雨水管的大小与位置。

(10)在底层平面图画出剖面图的剖切符号。

(11)屋面平面图的内容有女儿墙、檐沟、屋面坡度、分水线与落水口、变形缝、楼梯。

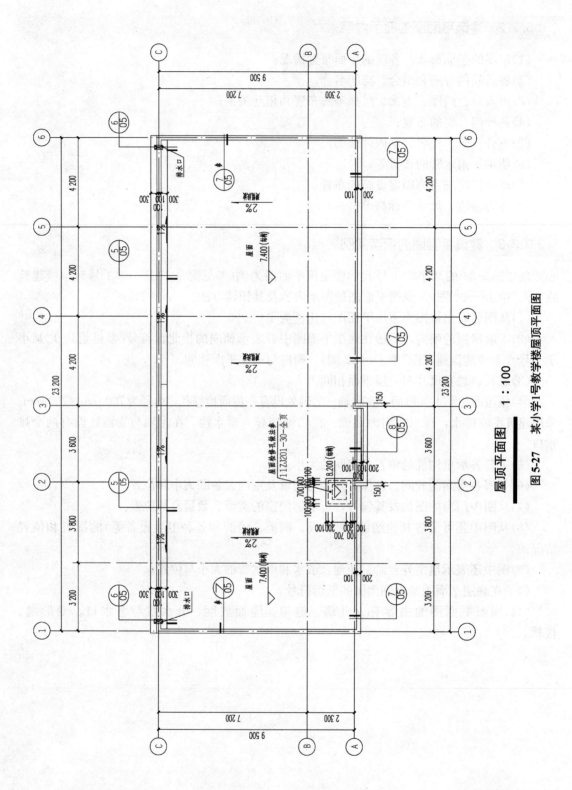

屋顶平面图　1：100

图 5-27　某小学1号教学楼屋顶平面图

5.4 建筑立面图识读

5.4.1 建筑立面图的形成及图示内容

1. 建筑立面图的形成

同样，在前面第 4 章已经叙述，建筑物外形直接在垂直面上作正投影图，称为建筑立面图，简称立面图，如图 5-25 所示。

立面图主要用来表达建筑物的外形外貌。在施工图中，其主要反映房屋外貌和立面的装修做法。立面图内容应包括建筑的外轮廓线和室外地坪线、勒脚、阳台、雨篷、门窗、檐口、女儿墙（或坡屋面）、外墙面做法及各部分标高，外加必要的尺寸。

立面图的命名方法如下：

(1)可用外貌特征命名，如正立面图、背立面图、侧立面图等。

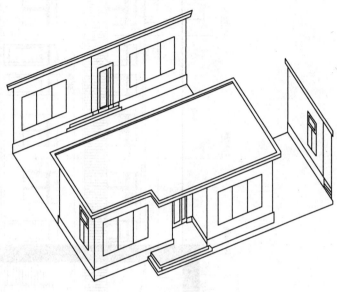

图 5-25 建筑立面图

(2)可用朝向命名，立面朝向哪个方向就称为某方向立面图，如南立面图、北立面图、东立面图、西立面图。

(3)可用立面图上首尾定位轴线的编号命名，如①～⑩立面图、Ⓐ～Ⓕ立面图等。

2. 建筑立面图的图示内容

(1)画出在建筑物立面的室外地面线及所有可见构件，如檐口、门窗洞及门窗外形、花格、阳台、雨篷、花台、雨水管、壁柱、勒脚、台阶、踏步等。

(2)标出各主要部位的标高，如室外地面、首层地面、台阶、窗台、门窗顶、阳台、雨篷、檐口、屋顶等完成面的标高。

(3)在立面图的两端标出定位轴线及编号。

5.4.2 建筑立面图识读实例

现以图 5-26 为例，介绍立面图的图示内容和识读方法(参见附录 1"某小学 1 号教学楼建筑施工图"中 JS—02 图)。

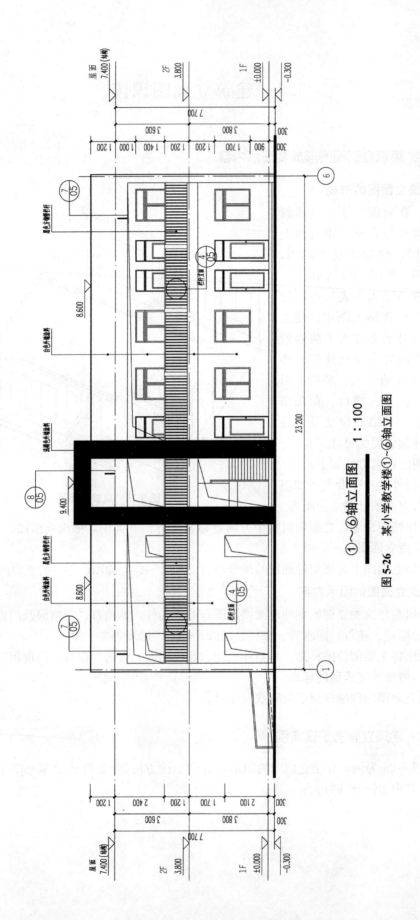

①~⑥轴立面图　1：100

图5-26　某小学教学楼①~⑥轴立面图

(1)从图名或轴线的编号可知该图是表示房屋南向的立面图，比例与平面图一样(1∶100)，以便对照阅读。

(2)从图5-26中可以看出该房屋的整个外貌形状，也可了解该房屋的屋顶、门窗、雨篷、走廊、台阶、花池及勒脚等细部的形式和位置。

(3)从图中可知标注的标高，知此房屋最低处(室外地坪)比室内±0.000的标高低300 mm，最高处(女儿墙顶面)为8.600 m。一般标高标注在图形外，并做到符号排列、大小一致。若房屋左右对称，则一般标注在左侧。不对称时，左右两侧均应标注。必要时为了更清楚计，可标注在图内(如女儿墙顶标高8.600及门形造型顶标高9.400)。

(4)从图中文字说明，了解房屋外墙面装修的颜色及做法。如该立面外墙为白色涂料，走廊栏杆为黑色方钢管栏杆等。

(5)图中①轴左侧有一无障碍坡道。

5.5 建筑剖面图的识读

5.5.1 建筑剖面图的形成

在第4章已经讲述了物体剖切和投影的知识，上述的每一层建筑平面图实际也是剖面图，但是一般来说，工程上使用的建筑剖面图是先根据设计需要按建筑物轴线进行垂直剖切，然后将剖切部分直接在垂直面上作正投影，简称剖面图，故建筑剖面图是整幢建筑物的垂直剖面图，如图5-27所示。

5.5.2 建筑剖面图的图示内容

建筑剖面图主要用来表达房屋内部垂直方向的高度、楼层分层情况及简要的结构形式和构造方式。其内容主要有以下几个方面：

(1)在剖面图中，凡是被剖到的承重墙、柱都应标出定位轴线及其编号。

(2)表示室内底层地面、地坑、地沟、各层楼面、顶棚、屋顶(包括檐口、女儿墙、隔热层或保温层、天窗、烟囱、水池等)、门、窗、楼梯、阳台、雨篷、留洞、墙裙、踢脚板、防潮层、室外地面、散水、排水沟及其他剖切到或能见到的内容。墙体和柱在最底层地面之下以折断线断开，基础可忽略不画。

(3)标出各部位完成面的标高和高度方向尺寸。

(4)表示楼面、地面各层构造。一般可用引出线说明。引出线指向所说明的部位，并按其构造的层次顺序，逐层加以文字说明。若另画有详图，或已有"构造说明一览表"时，在剖面图中可用索引符号引出说明。

(5)表示出需另画详图之处的索引符号。

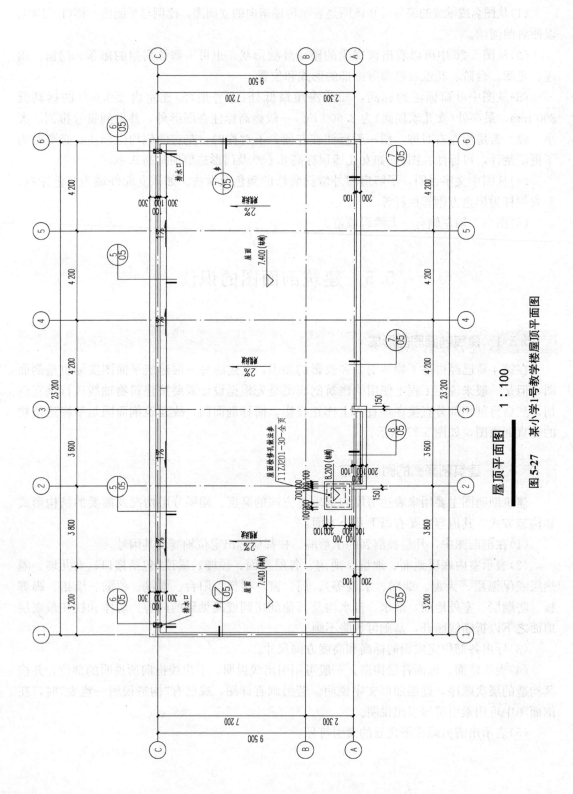

屋顶平面图 1:100

图5-27 某小学1号教学楼屋顶平面图

现以图 5-28 为例，介绍剖面图的图示内容和识读方法(参见附录 1"某小学 1 号教学楼建筑施工图"中 JS—03 图)。

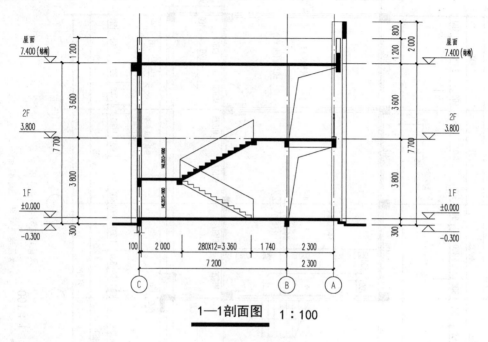

1—1剖面图　1:100

图 5-28　1 号教学楼 1—1 剖面图

(1)从图名可以看出本例中所绘图名为 1—1 剖面图，比例尺为 1:100。

(2)剖面图与平面图的对应关系，图 5-29 所示为 1 号教学楼一层平面图，方框内可看到有对应的剖切符号，代表剖切位置在楼梯间，剖视方向为右视，剖面图的图名应与底层平面图上标注的剖切符号编号一致。

(3)该建筑物共两层，一层层高为 3.8 m，二层层高为 3.6 m，如图 5-30 所示。

(4)室外地坪标高为－0.300 m，屋顶结构板面标高为 7.400 m，窗 C1215 底标高为 3.800 m，如图 5-30 所示。

(5)楼梯的构造做法：踏步高度、宽度尺寸如图 5-31 所示，一层至二层共两跑楼梯，每跑 13 级，每级踏步高为 146.2 mm，宽为 280 mm；设有两个平台，中间平台宽度为 2 000 mm，楼层平台踏步边至Ⓑ轴尺寸为 1 740 mm。

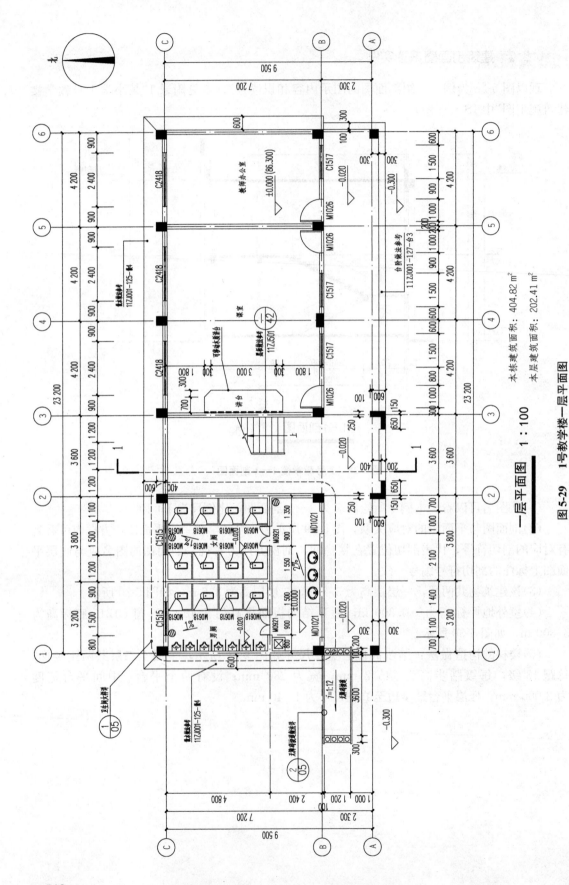

一层平面图 1:100

图 5-29 1号教学楼一层平面图

本栋建筑面积：404.82 m²
本层建筑面积：202.41 m²

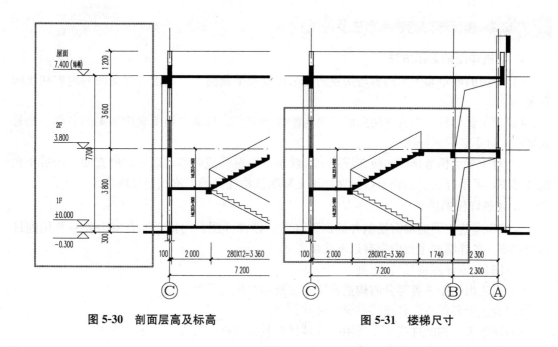

图 5-30　剖面层高及标高　　　　　　　　图 5-31　楼梯尺寸

5.6　建筑详图的识读

在第 4 章已经学习过，复杂物体剖视图虽然能将物体内部结构展示出来，但不能清楚地表达某些部位的尺寸大小、构造做法、材料使用等，因此，除需要剖切这些部位外，还要用较大的比例绘制某些部位或结构的局部剖面图，这种剖面图称为断面图。由于断面图只需绘制真正剖切体部分的视图，没有剖切到的部分在视图中无须画出，在建筑施工图中通常用来表达建筑物内部某些部位的构造做法、尺寸大小及所用材料，并以此作为施工的依据，这种断面图又称为建筑详图。

建筑详图比例大（一般不小于 1：30），局部平面放大可选用 1：50，要求尺寸标注齐全、准确，文字说明详尽。建筑详图是建筑细部的施工图，是建筑平面图、立面图、剖面图等基本图纸的补充和深化，是建筑工程的细部施工、建筑构配件的制作及编制预决算的依据。

一般建筑详图分为两个部分，一部分是建筑断面图，是对建筑剖面图无法详尽表达的部分（如墙身、女儿墙、楼梯间等）进行的比例放大，详尽表达；另一部分是基于平面的局部放大详图，如门窗大样图、楼梯间、厨房、卫生间等大样图。

建筑详图又可分为节点构造详图和构配件详图两类。凡表达房屋某一局部构造做法和材料组成的详图称为节点构造详图（如檐口、窗台、勒脚、明沟等）；凡表明构配件本身构造的详图，称为构件详图或配件详图（如门、窗、楼梯、花格、雨水管等）。

1. 建筑详图的表示方法

(1)详图的数量和图示内容与房屋的复杂程度及平面图、立面图、剖面图的内容和比例有关。

(2)对于套用标准图或通用图的建筑构配件和节点，只需注明所套用图集的名称、型号或页次，可不必另画详图。

(3)对于节点构造详图，应在详图上标注出详图符号或名称，以便对照查阅。而对于构配件详图，可不标注索引符号，只在详图上写明该构配件的名称或型号即可。

2. 建筑详图的种类

一幢房屋施工图通常需绘制外墙剖面详图、楼梯详图、门窗详图及室内外一些构配件的详图等。各详图的主要内容有以下几项：

(1)图名(或详图符号)、比例。

(2)表达出构配件各部分的构造连接方法及相对位置关系。

(3)表达出各部位、各细部的详细尺寸。

(4)详细表达构配件或节点所用的各种材料及其规格。

(5)有关施工要求、构造层次及制作方法说明等。

外墙剖面详图实质上是建筑剖面图中外墙部分的局部放大，一般采用1∶20的较大比例绘制，为节省图幅，通常采用折断画法，往往在窗洞中间处断开，成为几个节点详图的组合，如图5-32所示。

外墙剖面详图上标注尺寸和标高，与建筑剖面图基本相同，线型也与剖面图一样，剖到的轮廓线用粗实线，粉刷线则为细实线，断面轮廓线内应画上材料图例。

现以图5-33某小学教学楼建筑施工图纸中的屋顶平面图为例(参见附录1"某小学1号教学楼建筑施工图"中JS-02图)，说明屋面女儿墙大样详图的内容。

从图5-34上可以看到对应的屋面天沟泛水大样图有一个，屋面出水口剖面大样图有一个，屋面女儿墙大样详图有两个，详图采用的比例均为1∶25，从轴线符号和在平面中的索引符号可判断其表达剖断的位置。图中表明该建筑中ⓒ轴与Ⓐ轴做法不一致，该屋面单面排水，建筑找2%坡，水集中汇集到ⓒ轴附近处排水沟，排水沟内找1%坡，集中流向落水管，落水管有组织排水。Ⓐ轴未设雨水口和落水管。

ⓒ轴处7.400 m标高处有一砖砌挑檐，挑出建筑外墙为300 mm，厚度为400 mm。

女儿墙墙体采用普通砖砌筑，上设150 mm厚钢筋混凝土压顶。图中反映出楼板与女儿墙墙体、天沟与墙体、雨水管与墙体、梁与墙体等相互之间的位置关系。

▶▶▶小任务

> 找一找，我们通过该屋顶平面图和相对应的详图，还能识读出哪些信息呢，请分小组讨论。比一比，看哪个小组找出来的信息更多。

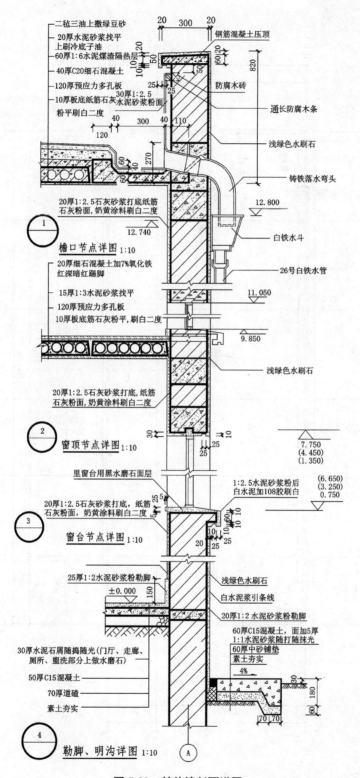

图 5-32 某外墙剖面详图

屋顶平面图 1：100

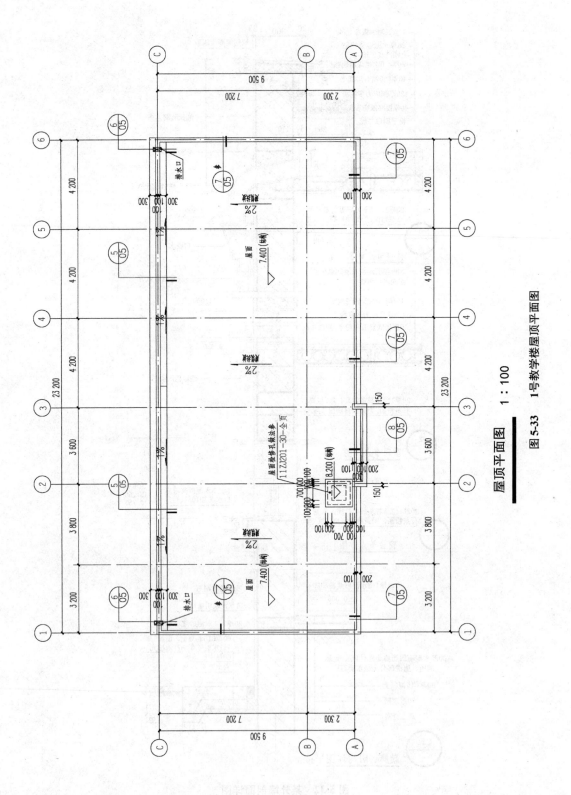

图 5-33　1号教学楼屋顶平面图

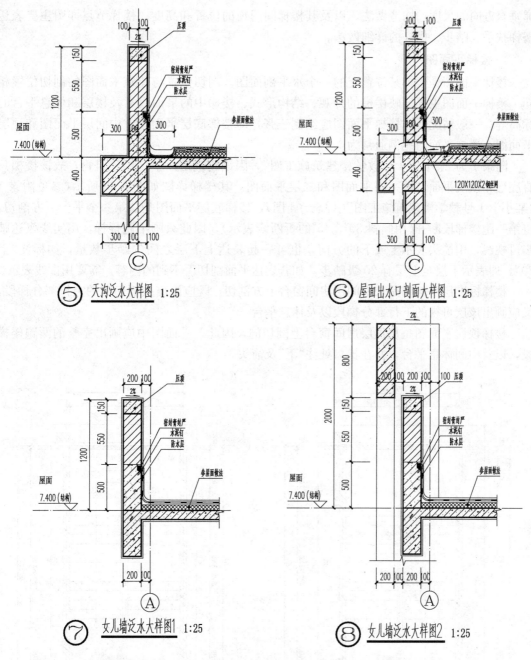

图 5-34　1号教学楼屋面天沟泛水大样图、屋面出水口剖面大样图、屋面女儿墙泛水大样图

5.6.4　构配件详图的识读

　　楼梯由梯段（包括踏步和斜梁）、平台（包括平台板和平台梁）和栏板（或栏杆）等部分组成。楼梯的构造比较复杂，一般需另画详图，以表示楼梯的类型、结构形式、各部位尺寸及装修做法。楼梯详图是楼梯施工放样的主要依据，也是建筑详图中比较复杂的图样。其包括楼梯平面图、楼梯断面详图和楼梯节点详图三部分内容。楼梯平面图主要表达楼梯间的位置，平台的尺寸、梯段的尺寸，以及各平台、楼层的标高；楼梯断面详图主要表达楼

梯垂直方向的尺度，构造做法，以及其楼梯间门窗的位置和高度；楼梯节点详图主要表达楼梯扶手、踏步、栏杆的详细做法。

1. 楼梯平面图

楼梯平面图是楼梯某位置上的一个水平剖面图。剖切位置与建筑平面图的剖切位置相同。楼梯平面图主要反映楼梯的外观、结构形式、楼梯中的平面尺寸及楼层和休息平台的标高等。一般情况下，楼梯平面图应绘制三张，即楼梯底层平面图、中间层平面图和顶层平面图。楼梯平面图比例通常为 1：50。

附录 1 为"某小学 1 号教学楼建筑施工图"，因该建筑是一个二层建筑物，故该楼梯只有底层和顶层平面，即一层平面图和二层平面图。其楼梯详图如图 5-35 所示（参见附录 1 "某小学 1 号教学楼建筑施工图"中 JS—04 图），楼梯底层平面图是从第一个平台下方剖切，将第一跑楼梯段断开（用倾斜 30°、45°的折断线表示），因此只画半跑楼梯，用实线表达踏步可视线，用箭头表示上或下的方向，也可一起表达上下层之间的踏步数量，如标注"上20"，即表示下层至上层有 20 级踏步。如若表达平面剖切看不到的内容，需要用虚线表示。

楼梯标准层平面图是从中间层房间窗台上方剖切，既应画出被剖切到的上行部分梯段，又应画出该层可视的下行部分梯段以及休息平台。

楼梯顶层平面图是从顶层房间窗台上剖切的，因此，平面图中应画出完整的两跑楼梯段，以及中间休息平台，并在梯口处注"下"及箭头。

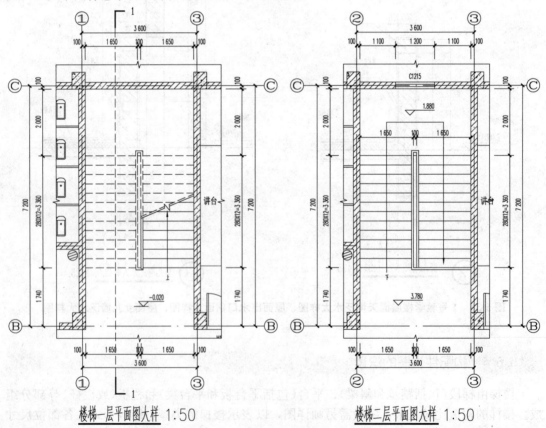

楼梯一层平面图大样 1:50   楼梯二层平面图大样 1:50

图 5-35　1 号教学楼楼梯平面详图

请按照以下楼梯平面图的识读步骤，识读图5-35中楼梯平面详图：

(1)了解楼梯在建筑平面图中的位置及有关轴线的布置。

(2)了解楼梯的平面形式和踏步尺寸。

(3)了解楼梯间各楼层平台、休息平台面的标高。

(4)了解楼梯间墙、柱、门、窗的平面位置、编号和尺寸。

(5)了解楼梯剖面图在楼梯底层平面图中表达的剖切位置和剖视方向。

2. 楼梯断面详图

楼梯断面详图剖断位置应通过各层的一个梯段和门窗洞口，向另一未剖到的梯段方向投影，所得到的剖面图如图5-36所示(参见附录1"某小学1号教学楼建筑施工图"中JS—04图)。

楼梯断面详图主要表达楼梯的梯段数、踏步数、类型及结构形式，表示各梯段、平台、栏杆等的构造及它们的相互关系。比例一般为1：50、1：30或1：40，习惯上如果各层楼梯构造相同，且踏步尺寸和数量相同，可只画底层、中间层和顶层断面，其余部分用折断线将其省略。楼梯剖面图应注明各楼楼层面、平台面、楼梯间窗洞的标高、踢面的高度、踏步的数量及栏杆的高度。

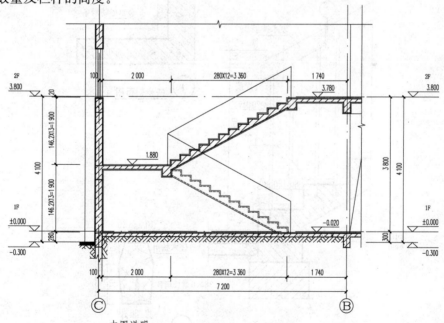

本图说明：

1. 楼梯栏杆大样详见11ZJ401第9页2W。

2. 楼梯栏杆高为900(踏步前沿至扶手高)。

3. 楼梯栏杆扶手大样详见11ZJ401第37页大样14。

4. 楼梯踏步防滑大样详见11ZJ401第39页大样1。

5. 图中标高如无特别注明均为建筑标高。

图5-36　1号教学楼楼梯断面详图

小·任务

请按照以下楼梯平面图的识读步骤，识读图 5-36 中楼梯断面详图。

(1) 了解楼梯的构造形式。

(2) 了解楼梯在竖向和进深方向的有关尺寸。

(3) 了解楼梯段、平台、栏杆、扶手等的构造和用料说明。

(4) 了解被剖切梯段的踏步级数。

3. 楼梯节点详图

楼梯节点详图一般包括踏步、扶手、栏杆详图和梯段与平台处的节点构造详图。

依据所绘制内容的不同，详图可采用不同的比例，以反映它们的断面形式、细部尺寸、所用材料、构件连接及面层装修做法等。图 5-37 所示为一些常见的楼梯节点详图。

附录 1 "某小学 1 号教学楼建筑施工图"中未绘制楼梯节点详图，但采用了选用标准图集的方法表达，也是正确的，详见图 5-36 本图说明。

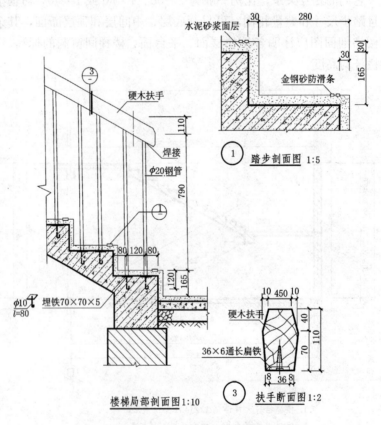

图 5-37　常见的楼梯节点详图

5.6.5　卫生间详图

现以图 5-38 为例，介绍卫生间详图的图示内容和识读方法（参见附录 1 "某小学 1 号教

学楼建筑施工图"中JS—05图)。卫生间详图需要表达的内容如下:

(1)地漏具体位置。

(2)地面找坡坡道、方向。

(3)大便器安装具体位置。

(4)小便池安装具体位置(公用卫生间)。

(5)淋浴、浴盆具体位置。

(6)洗手盆具体位置。

(7)墙镜悬挂具体位置。

(8)卫生间门、隔断具体尺寸。

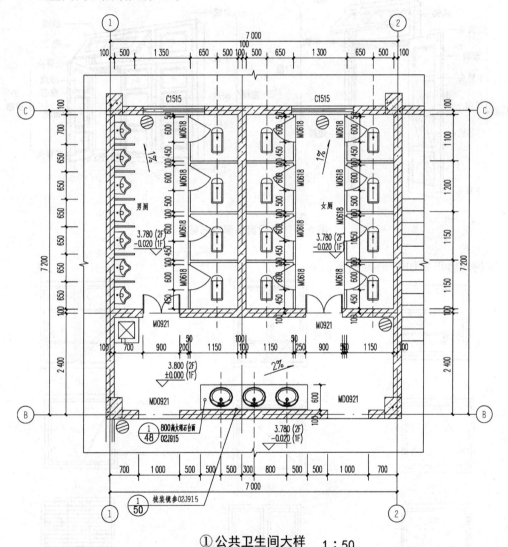

① 公共卫生间大样　1：50

图 5-38　1 号教学楼楼梯公共卫生间详图

请同学们在图 5-39 中把相关内容具体找出来。

5.6.6 门窗详图的识读

门窗各部分名称如图 5-39 所示（以木门窗为例）。

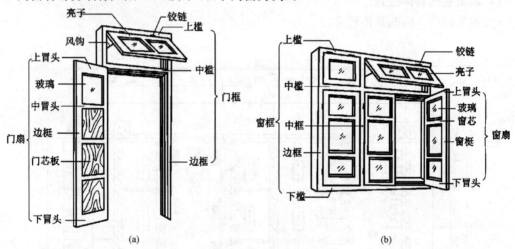

图 5-39　木门窗各部分名称

窗的开启形式如图 5-40 所示。

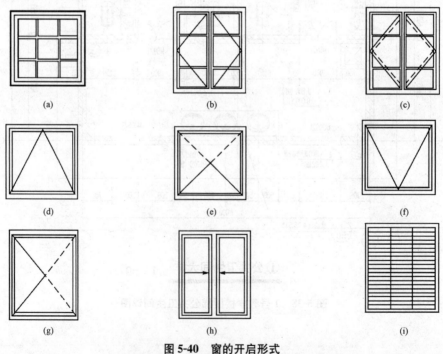

图 5-40　窗的开启形式

(a)固定窗；(b)平开窗（单层外开）；(c)平开窗（双层内外开）；(d)上悬窗；(e)中悬窗；

(f)下悬窗；(g)立转窗；(h)左右推拉窗；(i)百叶窗

门窗详图由门窗立面图、门窗节点断面图、门窗五金表及文字说明等组成。门窗立面图表明门窗的组合形式、开启方式、主要尺寸及节点索引标志。门窗的开启方式由开启线决定，开启线有实线和虚线之分。门窗节点断面图表示门窗某节点中各部件的用料和断面形状，还表示各部件的尺寸及其相互之间的位置关系。

一般情况下，可以用 C1、C2、C3……，M1、M2、M3……作为门窗标号，除此之外，用门窗宽度、高度作为门窗标号也是一种表达方法。如本书所附某小学教学楼项目中标号 C1517 的窗表示宽 1.5 m，高 1.7 m(图 5-41)；标号 M1026 的门表示门宽 1 m，高 2.6 m (图 5-42)。注意复核门窗表来查看门窗尺寸。

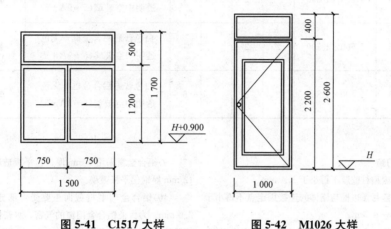

图 5-41　C1517 大样　　　　　　图 5-42　M1026 大样

门窗详图的识读要求如下：

(1)从门窗立面图上了解门窗的尺寸及开启方式。注意：图纸门窗表中所有门窗尺寸均为(预留)洞口尺寸，细部尺寸需要根据厂家制作要求确定。具体构造由选定的厂家按照有关技术规范、规定加工制作，加工前必须现场核实尺寸(考虑施工洞口尺寸可能与设计值有些误差)。

(2)门窗统计表中表达某标号门窗数量、所用材料及所用位置。

(3)从窗的节点详图中了解各节点窗框、窗扇的组合情况等。

(4)从门窗说明中了解门窗框选用型材及相关参数及技术要求等。

某小学教学楼项目门窗统计表及门窗说明见表 5-2。

表 5-2　门窗统计表

类型	设计编号	洞口尺寸 (mm×mm)		数量/个				材料	位置	备注
		宽　×　高		1F	2F	屋面	合计			
门	M0618	600×1 800		12	12		24	夹板门	公共卫生间	
	M0921	900×2 100		2	2		4	公共卫生间		
	M1026	1 000×2 600		3	3		6	黑桃木软池板门	教室门	

类型	设计编号	洞口尺寸 (mm×mm)		数量/个				材料	位置	备注
		宽 × 高		1F	2F	屋面	合计			
窗	C1517	1 500×1 700		3	3		6	白色普通铝合金框+无色透明中空玻璃(5+9A+5)	教室	
	C1215	1 200×1 500			1		1	白色普通铝合金框+无色透明中空玻璃(5+9A+5)	教室	
	C1515	1 500×1 500		2	2		4	白色普通铝合金框+无色透明中空玻璃(5+9A+5)	教室	
	C2418	2 400×1 800		3	3		6	白色普通铝合金框+无色透明中空玻璃(5+9A+5)	教室	

门窗说明：

(一)铝合金门窗

(1)铝合金门窗型材壁厚不得小于 1.4 mm。

(2)铝合金门窗每条边框与墙体的连接固定点不得小于 2，且间距不得大于 0.5 m。

(3)连接组合铝合金门的通长樘料应与墙体连接固定；横向连接铝合金窗时，两窗之间应加设竖挺与墙体固定。

(4)安装铝合金门窗应采用预留洞口的方法，洞口每边预留安装间隙 20～30 mm。

(5)推拉门窗用于外墙时，应加设使门窗不脱落的限位装置。

(6)窗框的中横档和下窗应设排水孔。

(7)推拉门窗采用 90 系列，平开门采用 70 系列，地弹簧门用 100 系列，平开窗用 40 系列。

(8)铝合金门窗施工应按照××省《普通铝合金门窗工程设计与施工规定》(DBJ15－6－92)。

(9)铝合金窗采用 6 mm 厚白色平板玻璃。地弹门采用 12 mm 厚钢化平板玻璃。

(10)铝合金门型材截面主要受力部分壁厚不得低于 2.0 mm。为保证铝合金门窗的气密、水密性能，应在型材接缝处打胶(不得使用酸性胶)。

(二)铝合金门窗技术指标说明

(1)抗风压性能设计指标：$W_k = 2B_g U_s U_z W_0 = 2.4 \text{ kN/m}^2$。

(2)水窗性能设计指标：$\Delta p \geqslant 0.5 U_z W_0 = 570$ Pa。

(3)气密性能设计指标：

窗：$q_1 \leqslant 2.5 \text{ m}^3/\text{mh}$； $q_2 \leqslant 7.5 \text{ m}^3/\text{mh}$。

门：$q_1 \leqslant 4.0 \text{ m}^3/\text{mh}$； $q_2 \leqslant 12.0 \text{ m}^3/\text{mh}$。

5.6.7 其他构配件构造详图的识读

在项目中还有一些其他构配件构造详图，如无障碍坡道大样、外廊栏杆大样，如图 5-43 所示。在识读过程中，要注意以下几项：

(1)图名(或详图符号)、比例。

(2)构配件各部分的构造连接方法及相对位置关系。

(3)各部位、各细部的详细尺寸。

(4)各部位、各细部所用的材料及其规格。

(5)有关施工要求、构造层次及制作方法说明等。

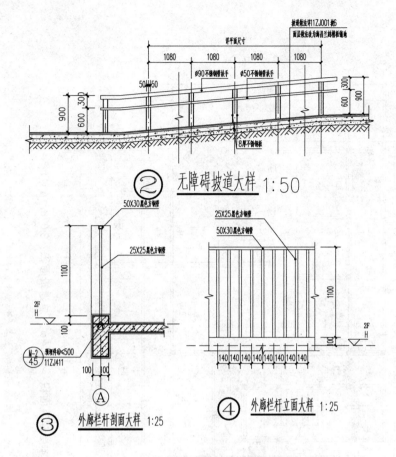

图 5-43　1 号教学楼外廊栏杆立面、剖面大样

>> 小·任务

识读图 5-44，学习无障碍坡道、栏杆大样的构造做法。

任务训练 5　识读建筑平面图、立面图、剖面图、详图

1. 任务描述

通过填写识读任务表，识读附录 2 "某职工集资楼建筑施工图"中的一层平面图（图 5-44）、①～⑮轴立面图（图 5-45）、1—1 剖面图（图 5-46）、厨房卫生间大样图（图 5-47），每张图对应的识读任务表见表 5-3～表 5-6。

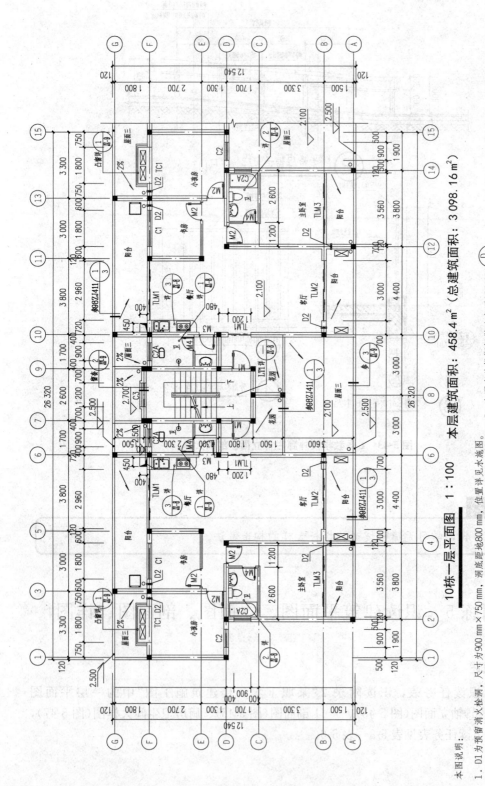

10栋一层平面图 1:100

本层建筑面积：458.4 m²（总建筑面积：3 098.16 m²）

图5-44　某职工集资楼建筑施工图中的一层平面图

本图说明：

1. D1为预留消火栓洞，尺寸为900 mm×750 mm，洞底距地800 mm，位置详见水施图。

2. D2为预留空调管洞，埋Φ80PVC套管，洞底距楼面H+2.200，洞边距墙边为200 mm。

3. 所有阳台、卫生间、厨房地面均低于楼面20 mm，找坡0.5%，坡向地漏。

4. 服务阳台板底装设晾衣架，做法详见98ZJ901。

5. 空调室外机搁板做法参照98ZJ901⑩／27。

6. 厨房排烟道系统参照T2PS-A-3型，内置时留洞尺寸为450 mm×400 mm，长边为留洞接管口。

7. 除注明外，有门垛的房间门垛为100 mm。

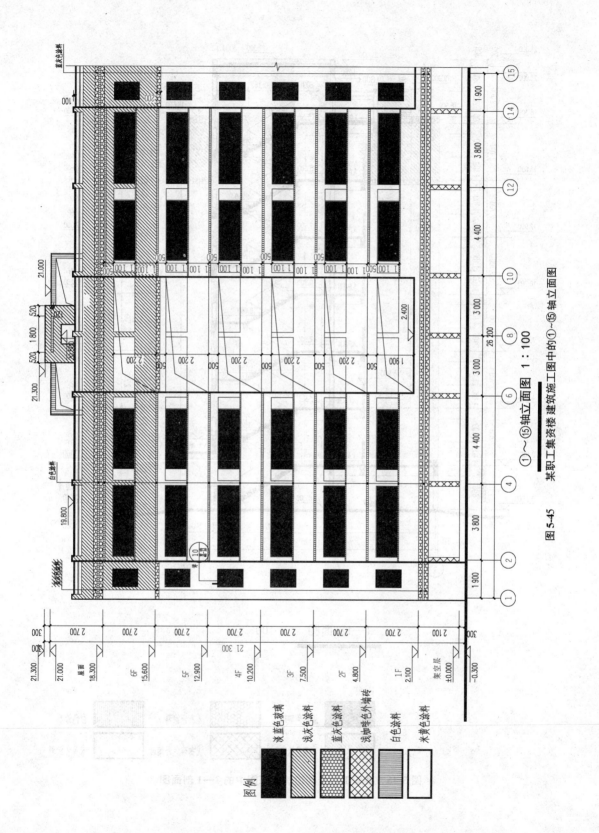

图 5-45　某职工集资楼建筑施工图中的①～⑮轴立面图

①～⑮轴立面图　1:100

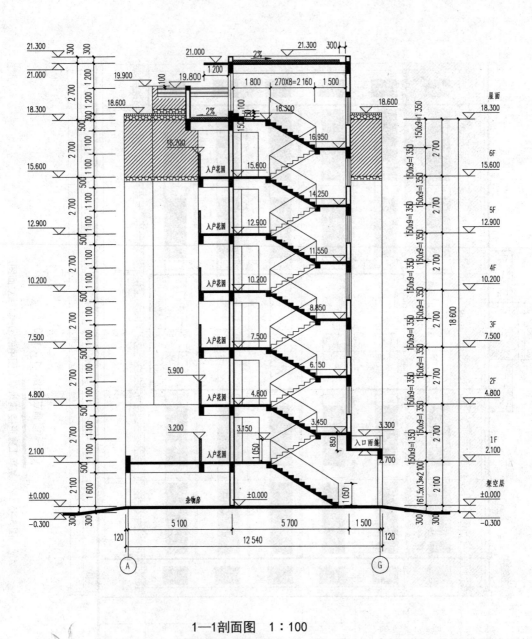

图例

	淡蓝色玻璃		蓝灰色涂料		白色涂料
	浅灰色涂料		浅咖啡色外墙砖		米黄色涂料

图 5-46　某职工集资楼建筑施工图中的 1—1 剖面图

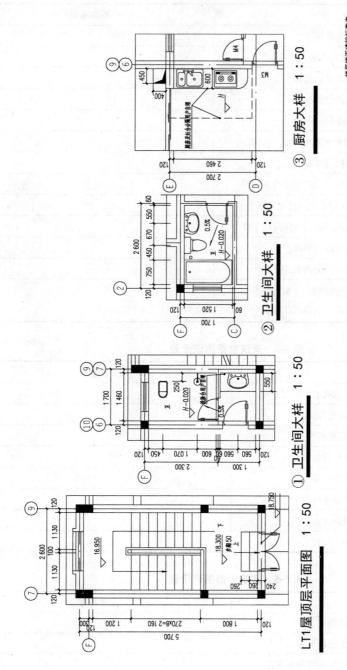

③ 厨房大样 1:50

② 卫生间大样 1:50

① 卫生间大样 1:50

LT1屋顶层平面图 1:50

楼层	H
1	2.100
2	4.800
3	7.500
4	10.200
5	12.900
6	15.600

楼层楼面建筑标高表

4. 楼梯踏步防滑大样详见05ZJ401第30页大样1。

5. H为各楼层楼面建筑标高。

本图说明：

1. 楼梯栏杆大样详见05ZJ401第9页2W。

2. 楼梯栏杆高度为900 mm，（踏步前沿至扶手高）。平台栏杆高度为1 100 mm。

3. 楼梯栏杆扶手大样详见05ZJ401第28页大样8。

图5-47 某职工集资楼建筑施工图中的厨房卫生间大样图

表 5-3　建筑平面图识读表

	识读任务	答案填写
1	该楼层有几套住宅？	
2	该图所示每套户型为几房几厅几卫？	
3	如何查找厨房详图大样？	
4	如何查找阳台做法？	
5	D1 距离地面多少 mm？	
6	D2 是何种材料？	
7	室内地面标高多高？	
8	西边的户型中，南向客厅的门尺寸为多少？	
9	西边的户型中，小孩房的开间和进深尺寸分别为多少？	
10	西边的户型中距离消防疏散门最远的房间门是哪个？	
11	房间门距离疏散门多远？	
12	计算西边户型书房面积。	
13	计算西边户型的户内面积。（阳台及入户花园计一半面积，凸窗不计面积）	

表 5-4　建筑立面图识读表

	识读任务	正确答案
1	该立面是建筑哪个方向上的立面？	
2	该楼底层层高是多少？	
3	该楼 2 层层高是多少？	
4	该楼第五层楼顶标高是多少？	
5	该楼最高处标高是多少？	
6	该楼首层地坪与建筑外部地面高差是多少？	
7	女儿墙外墙涂料是什么涂料？	
8	建筑物面宽多少？	

表 5-5　建筑剖面图识读表

	识读任务	正确答案
1	剖切面视线朝向。	
2	二层入户花园阳台围栏标高为多少？	
3	二层入户花园阳台围栏高度为多少？	
4	入户花园梁高是多少？	
5	入口雨篷高度是多少？	
6	屋顶找坡坡度是多少？	
7	屋顶排水沟宽度是多少？	
8	屋面女儿墙高度是多少？	
9	楼梯踏步高度是多少？宽度是多少？	
10	楼梯梯段长度是多少？	

表 5-6 建筑大样图识读表

	识读任务	正确答案
1	图上显示的是哪几个部位的平面大样？	
2	楼梯栏杆井宽度是多少？	
3	楼梯间顶层室内外高差是多少？	
4	楼梯栏杆做法如何查询？	
5	卫生间大样 1 中，洗手台宽度是多少？	
6	卫生间大样 1 中，洗手间地面降高多少？	
7	卫生间大样 1 中，洗手间地面找坡是多少？	
8	卫生间大样 1 中，干湿分区两个部分面积分别是多少？	
9	卫生间大样 2 中，浴缸宽度是多少？	
10	厨房大样中，操作台的宽度是多少？	
11	厨房大样中，通风井的宽度是多少？	
12	4 层楼面标高是多少？	

2. 任务提示

通过填写相应的任务表来识读建筑平面图、立面图、剖面图和详图。

本章小结

通过本章的学习，掌握建筑施工图中的平面图、立面图的识读方法。

思考与练习

1. 下列不属于建筑施工图的是（   ）。

A. 一层平面图   B. 楼梯平面图

C. 基础平面图   D. 正立面图

2. 在建筑工程设计中，建筑是（   ），而结构和设备是（   ）。

A. 主导专业，配合专业   B. 配合专业，主导专业

C. 主导专业，主导专业   D. 配合专业，配合专业

3. 建筑平面图的横向轴线编号，采用（   ），从左至右依次编写。

A. 阿拉伯数字   B. 拉丁字母

C. 汉字数字   D. 英文数字

4. 建筑平面图中的定位轴线编号圆的直径通常为（   ）mm。

A. 8   B. 12   C. 14   D. 24

5. 土建施工图中的索引符号圆的直径通常为（   ）mm。

A. 8   B. 10   C. 14   D. 24

6. 在某一张建施图中，有详图索引符号 $\frac{5}{4}$，其分母 4 的含义为（   ）。

A. 图纸的图幅为 4 号   B. 详图所在图纸编号为 4

C. 被索引的图纸编号为 4   D. 详图（节点）的编号为 4

7. 绝对标高是以我国（　　）平均海平面为零点，其他各地的标高均以它作为基准。

A. 黄海　　　　　　　　B. 渤海　　　　　　　　C. 南海　　　　　　　　D. 北海

8. 相对标高是将建筑物（　　）定位±0.000 的标高，用于房屋施工图的标高标注。

A. 地下室地面　　　　　　　　　　　B. 室内首层地面

C. 地下室顶板底面　　　　　　　　　D. 室内首层顶面

9. 以下用于建筑平面图的标高符号是（　　）。

A. ▼　　　　　　　　B. ▽　　　　　　　　C. ▽　　　　　　　　D. ▲

10. 指北针圆的直径通常为（　　）mm。

A. 8　　　　　　　　B. 10　　　　　　　　C. 14　　　　　　　　D. 24

11. 风向频率玫瑰图一般用于（　　）。

A. 总平面图　　　　　　B. 一层平面图　　　　　C. 基础平面图　　　　　D. 正立面图

12. 建筑总平面图中的标高以（　　）为单位，并取至小数点后两位。

A. 米（m）　　　　　　B. 分米（dm）　　　　　C. 厘米（cm）　　　　　D. 毫米（mm）

13. 建筑平面图的剖切位置在（　　）。

A. 窗顶标高处　　　　　　　　　　　B. 楼板顶面

C. 窗台标高处　　　　　　　　　　　D. 窗台上方的某个位置

第 6 章

轴测投影

导读

轴测投影图直观形象，易于看懂，工程中常将轴测投影用作辅助图样，以弥补正投影图不易被看懂的不足。本章重点介绍轴测投影的基本知识。建筑物轴测投影图如图 6-1 所示。

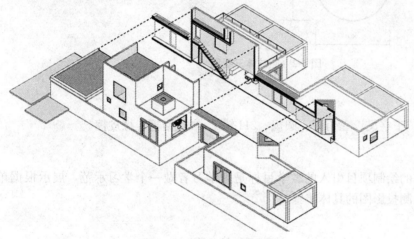

图 6-1　建筑物轴测投影图

认识轴测投影图

知识目标

1. 了解轴测投影图的作用。
2. 掌握轴测投影的基本知识。

技能目标

通过训练能够利用三视图熟练绘制正轴测图和斜轴测图。

项目引入 6　单体轴测投影图的绘制

项目说明

1. 项目描述

如图 6-2 所示，已知圆柱体三视图，在 A3 幅面的图纸上，按 1∶2 的比例先作形体的三面投影图，然后再根据三面投影图绘制正轴测投影图。要求符合投影规律、图面清洁、线条流畅、轮廓线清晰。

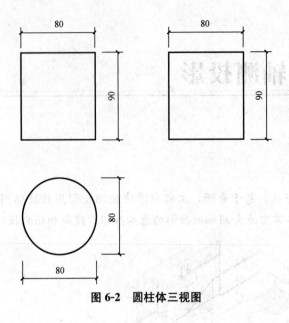

图 6-2　圆柱体三视图

2. 工具

画图板、A3 纸、丁字尺、三角板、圆规、2H 铅笔、2B 铅笔、橡皮擦。

教学目标

单体轴测投影图的绘制项目引入的教学目标是为学习者做一个学习示范，展示根据单体三视图绘制单体轴测投影图的具体步骤。

工作任务

1. A4 图纸标题栏的绘制。
2. 定椭圆的中心，画菱形。
3. 画椭圆。
4. 画下底椭圆。
5. 作出两边轮廓线，标注尺寸。
6. 擦去多余线，检查加深。
7. 填写标题栏和会签栏。

项目实施

1. A4 图纸标题栏的绘制，如图 6-3(a)所示。

2. 根据图 6-2 圆柱体三视图尺寸，以 1∶1 比例定椭圆的中心，画菱形，如图 6-3(b)所示。

画出轴测轴 OX、OY，从 O 点沿轴向直接量圆半径，得切点 1、2、3、4。过各点分别作轴测轴的平行线，即得圆的外切正方形的轴测图——菱形。过 1、2、3、4 作菱形各边的垂线，得交点 O_1、O_2、O_3、O_4，O_1、O_2 就是菱形短对角边的顶点，O_3、O_4 都在菱形的长对角线上。

3. 画椭圆，如图 6-3(c)所示。

以 O_1、O_2 为圆心，$O_1$1 为半径画出大圆弧 $\overset{\frown}{12}$、$\overset{\frown}{34}$；以 O_3、O_4 为圆心，$O_3$1 为半径画出小圆弧 $\overset{\frown}{14}$、$\overset{\frown}{23}$。四个圆弧连成的就是近似椭圆。

4. 画下底椭圆，如图 6-3(d)所示。

5. 作出两边轮廓线，标注尺寸，如图 6-3(e)所示。

6. 擦去多余线，检查加深，如图 6-3(f)所示。

7. 填写标题栏和会签栏，完成全图，如图 6-3(g)所示。

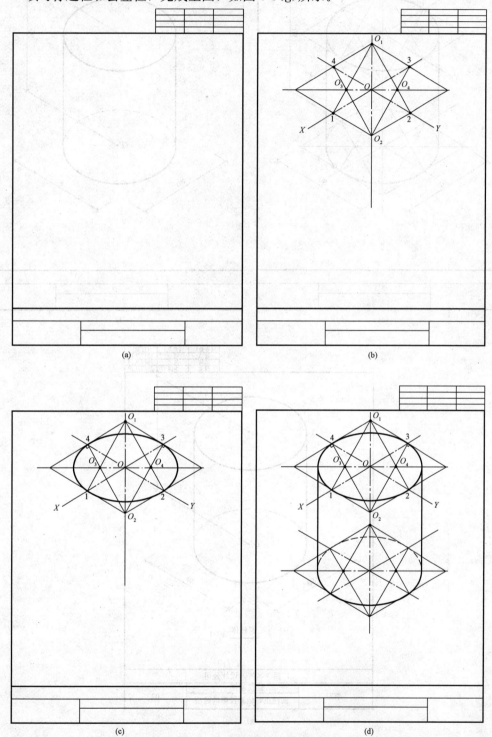

图 6-3　圆柱正等轴测投影图的绘制

(a)A4 图纸标题栏；(b)画菱形；(c)画椭圆；(d)上下底椭圆

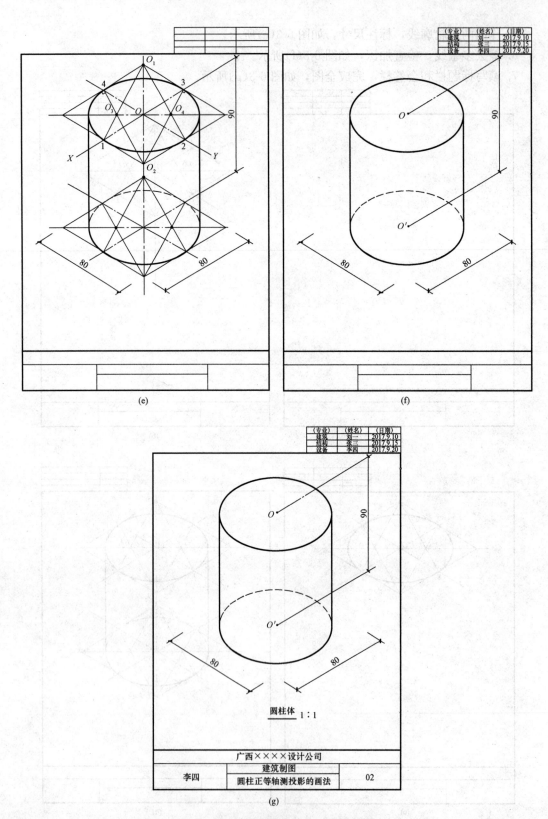

图 6-3 圆柱正等轴测投影图的绘制（续）

(e)画出轮廓线；(f)检查加深；(g)圆柱正等轴测投影最后成图

6.1 轴测投影的基本知识

在工程上应用正投影法绘制的多面正投影图，可以完全确定物体的形状和大小，且作图简便，度量性好，依据这种图样可制造出所表示的物体。但它缺乏立体感，直观性较差，要想象物体的形状，需要运用正投影原理将几个视图联系起来看，对缺乏读图知识的人难以看懂。

轴测图是一种单面投影图，在一个投影面上能同时反映出物体三个坐标面的形状，并接近于人们的视觉习惯，形象、逼真，富有立体感。但是轴测图一般不能反映出物体各表面的实形，因而度量性差，同时作图较复杂。因此，在工程上常将轴测图作为辅助图样，以弥补正投影图的不足。

多面正投影图与轴测图的比较如图 6-4 所示。

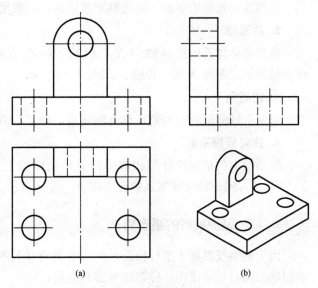

图 6-4　多面正投影图与轴测图的比较

(a)多面正投影图；(b)轴测图

6.1.1 轴测图的形成

将物体连同其参考直角坐标系沿不平行于任一坐标面的方向，用平行投影法将其投射在单一投影面上所得到的图形称为轴测图，如图 6-5 所示。用正投影法形成的轴测图称为正轴测图，用斜投影法形成的轴测图称为斜轴测图。

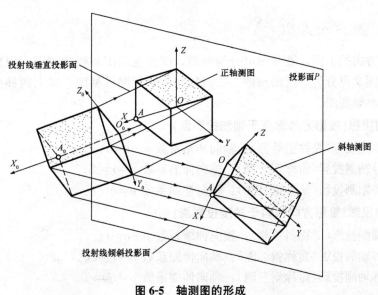

图 6-5　轴测图的形成

6.1.2 轴测图的相关术语

1. 轴测投影面

得到轴测投影的平面，称为轴测投影面，一般用字母 P 表示。

2. 轴测轴

直角坐标体系的坐标轴 O_0X_0、O_0Y_0、O_0Z_0 在轴测投影面 P 上的投影 OX、OY、OZ 称为轴测轴，简称 X 轴、Y 轴、Z 轴。

3. 轴间角

每两个轴测轴间的夹角，称为轴间角，即 $\angle XOY$、$\angle XOZ$、$\angle YOZ$。

4. 轴向伸缩系数

轴测轴上的单位长度与相应空间直角坐标轴上的单位长度之比，称为轴向伸缩系数。X、Y、Z 方向的轴向伸缩系数分别用 p、q、r 表示。

6.1.3 轴测投影的基本特性

因为轴测投影属于平行投影，所以它具有平行投影的全部特性，以下几点基本特性在绘制轴测图时经常使用，应熟练掌握和运用：

(1)物体上相互平行的两条直线的轴测投影仍相互平行。同理，物体上与坐标轴平行的直线，在轴测图中也必定与相应的轴测轴平行。

(2)空间同一线段上各段长度之比在轴测投影图中保持不变。

(3)沿坐标轴的轴向长度可以按伸缩系数进行度量。因为平行线的轴测投影仍互相平行，所以，物体上凡是平行于 O_0X_0、O_0Y_0、O_0Z_0 轴的线段，其轴测投影必须相应平行于 OX、OY、OZ 轴，且具有和 OX、OY、OZ 轴相同的轴向伸缩系数。在轴测图中，只有沿轴测轴方向才可以测量长度，这就是"轴测"二字的含义。

注意：与坐标轴不平行的线段具有与之不同的伸缩系数，不能直接测量与绘制，只能按"轴测"原则，根据端点坐标，作出两端点后连线绘出。

6.1.4 轴测图的分类

根据投影方向的不同，轴测图可分为两类，即正轴测图和斜轴测图。根据轴向伸缩系数不同，轴测图又可分为等测轴测图、二测轴测图和三测轴测图。以上两种分类方法相结合，可得到六种轴测图。

1. 正轴测投影(投影方向垂直于轴测投影面)

(1)正等轴测投影(简称正等测)：轴向伸缩系数 $p=q=r$。

(2)正二等轴测投影(简称正二测)：轴向伸缩系数 $p=r=2q$。

(3)正三等轴测投影(简称正三测)：轴向伸缩系数 $p \neq q \neq r$。

2. 斜轴测投影(投影方向倾斜于轴测投影面)

(1)斜等轴测投影(简称斜等测)：轴向伸缩系数 $p=q=r$。

(2)斜二等轴测投影(简称斜二测)：轴向伸缩系数 $p=r=2q$。

(3)斜三等轴测投影(简称斜三测)：轴向伸缩系数 $p \neq q \neq r$。

工程上主要使用正等测和斜二测，本章也只介绍这两种轴测图的画法。

6.2 绘制正等轴测图

1. 正等轴测图的概念

将物体的表面倾斜于投影面放置，使物体上的三个坐标轴 OX、OY、OZ 与投影面 P 的倾角都相等，得到的正投影图就是正等轴测投影图，简称正等轴测图，如图 6-6 所示。

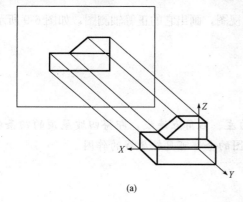
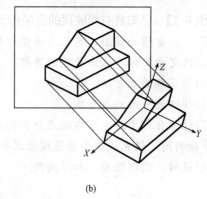

(a)　　　　　　　　　　　　　　(b)

图 6-6　正投影和正等轴测投影对比

(a)正投影；(b)正等轴测投影

2. 正等轴测图的轴间角和轴向伸缩系数

(1)轴间角。正等轴测图 3 个轴间角相等，均为 120°，如图 6-7 所示。

(2)轴向伸缩系数。正等轴测图 3 个轴向伸缩系数 $p=q=r=0.82$。为了画图简便，常将轴向伸缩系数简化为 1，采用简化系数绘制出的轴测图是实际投影的 1.22 倍。

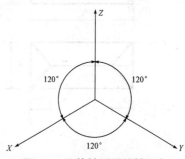

图 6-7　正等轴测图的轴间角

画正等轴测图常用的方法有坐标法、特征面法、叠加法、切割法等。其中，坐标法是画正等轴测图的基本方法，是其他各种画法的基础。画正等轴测图应根据物体的形状特征选择适当的作图方法。

1. 坐标法

根据物体上各端点的坐标，作出各端点的轴测投影，并依次连接，这种得到物体轴测图的方法称为坐标法。

【例 6-1】 绘制正六棱柱的正等轴测图，如图 6-8 所示。

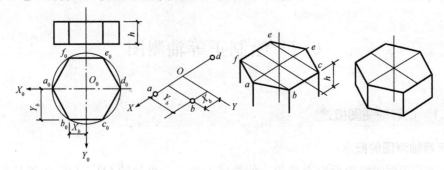

图 6-8　绘制正六棱柱的正等轴测图

【例 6-2】 已知具有四坡顶的房屋模型的三视图，画出它的正等轴测图，如图 6-9 所示。

解：(1)看懂三视图，想象房屋模型形状。

(2)选定坐标轴，画出房屋的屋檐。

(3)作下部的长方体。

(4)作四坡屋面的屋脊线。

(5)过屋脊线上的左、右端点分别向屋檐的左、右角点连线，即得四坡屋顶的四条斜脊的正等轴测图，便完成这个房屋模型正等轴测图的全部可见轮廓线的作图。

(6)校核，清理图面，加深图线。

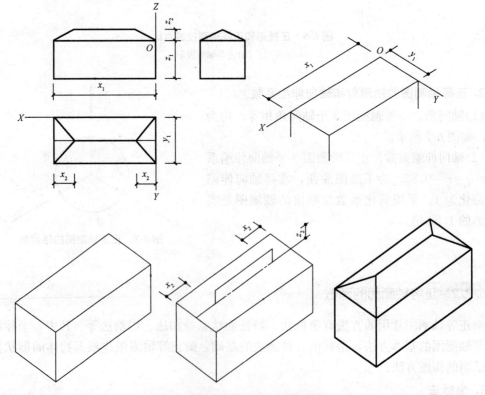

图 6-9　四坡顶房屋模型正等轴测图

2. 特征面法

特征面法适用于画柱类物体，通常是先画出能反映柱体形状特征的一个可见底面（称为特征面），然后画出平行于轴测轴的所有可见侧棱，再连出另一底面，完成物体的轴测图。

【例 6-3】 绘制跌水坎的正等轴测图，如图 6-10 所示。

分析：该物体主视图反映跌水坎形状特征，俯视图表明跌水坎前后等宽，属于直棱柱体，可采用特征面法作图。

作图：在视图上确定坐标轴；画特征面；画可见侧棱；画后底面。

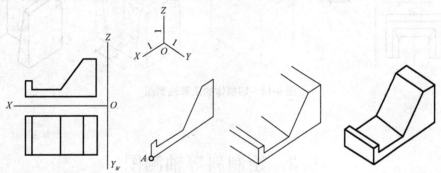

图 6-10　跌水坎的正等轴测图

3. 叠加法

对于由若干个基本体叠加而成的物体，宜在形体分析的基础上，在明确各基本体相对位置的前提下，将各个基本体逐个画出，完成物体的轴测图，这种画法称为叠加法。画图顺序一般是先大后小。

【例 6-4】 绘制挡土墙的正等轴测图，如图 6-11 所示。

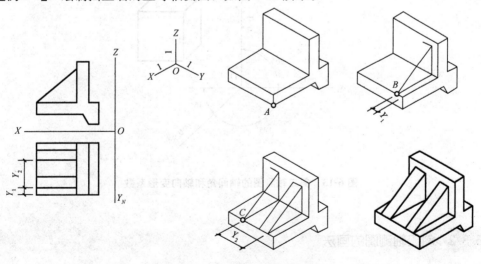

图 6-11　挡土墙的正等轴测图

4. 切割法

对于能从基本体切割而成的物体，宜先画出原体基本体，然后再画切割处，得出该物体的轴测图，这种画法称为切割法。

【例 6-5】 绘制切割体的正等轴测图，如图 6-12 所示。

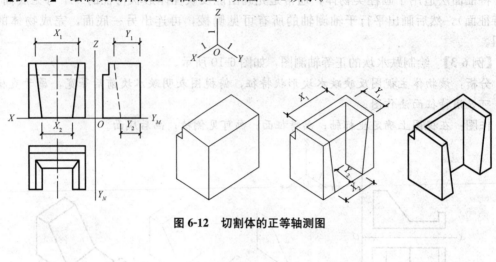

图 6-12　切割体的正等轴测图

6.3　绘制斜等轴测图

6.3.1　斜二轴测图的轴间角和轴向变形系数

轴间角 $\angle XOZ = 90°$，$\angle ZOY = \angle XOY = 135°$，当轴向伸缩系数 $p = r = 1$、$q = 0.5$ 时，称为斜二轴测图，如图 6-13 所示。

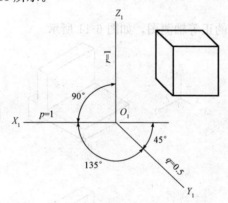

图 6-13　斜二轴测图的轴间角和轴向变形系数

6.3.2　斜二轴测图的画法

斜二轴测图的作图方法与正等轴测图相同，只是轴测轴方向与轴向伸缩系数不同。由于斜二轴测图的 $X_1O_1Z_1$ 坐标面平行于轴测投影面，所以斜二轴测图中凡平行 P 面的面均为实形。

【例 6-6】 用特征面法绘制直棱柱的斜二轴测图，如图 6-14 所示。

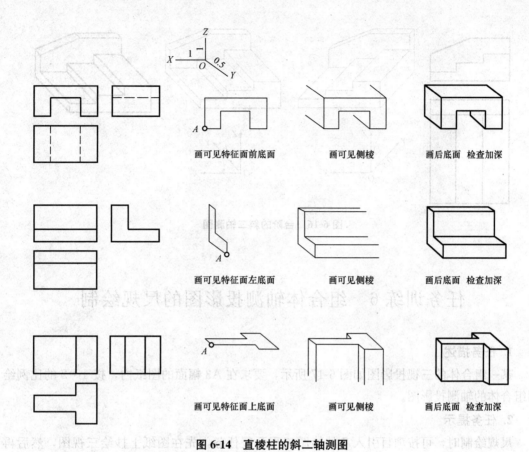

图 6-14 直棱柱的斜二轴测图

画可见特征面前底面　　　画可见侧棱　　　画后底面　检查加深

画可见特征面左底面　　　画可见侧棱　　　画后底面　检查加深

画可见特征面上底面　　　画可见侧棱　　　画后底面　检查加深

【例6-7】 绘制挡土墙的斜二轴测图，如图 6-15 所示。

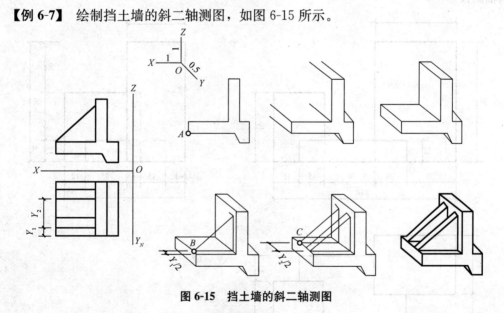

图 6-15　挡土墙的斜二轴测图

同一种轴测图由于投影方向不同，轴测轴的位置就有所不同，画出的轴测图表达效果就不一样。

【例6-8】 绘制台阶的斜二轴测图，如图 6-16 所示。

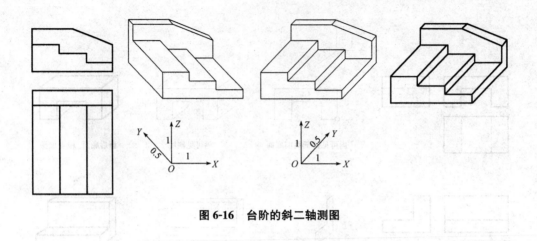

图 6-16　台阶的斜二轴测图

任务训练 6　组合体轴测投影图的尺规绘制

1. 任务描述

某一组合体的三视投影图如图 6-17 所示，要求在 A3 幅面的图纸内，按 1：2 的比例绘制组合体的轴测投影图。

2. 任务提示

尺规绘制时，可按项目引入 7 的绘图流程开展任务，先在图纸上抄绘三视图，然后再绘制轴测投影图。

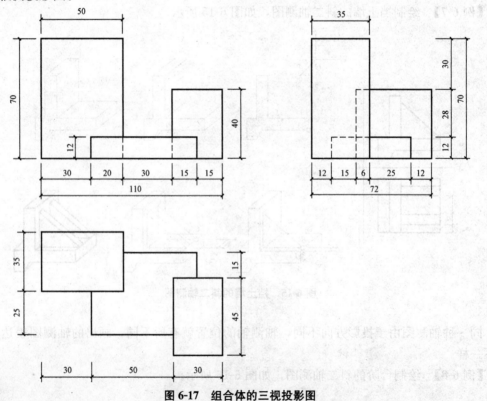

图 6-17　组合体的三视投影图

通过轴测投影图的训练，可以形成良好的空间立体感，为后面的制图和识图学习打下坚实基础。

1. 已知台阶投影图，如图 6-18 所示，绘制其正等轴测图。

2. 已知投影图，如图 6-19 所示，绘制其正等轴测图。

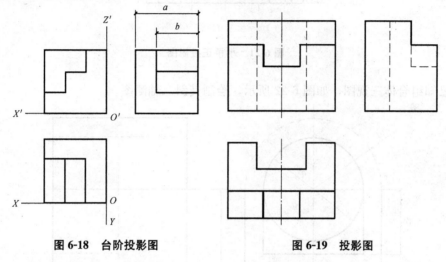

图 6-18　台阶投影图　　　　　　　　　　　　图 6-19　投影图

3. 已知组合体投影图，如图 6-20 所示，绘制其正等轴测图。

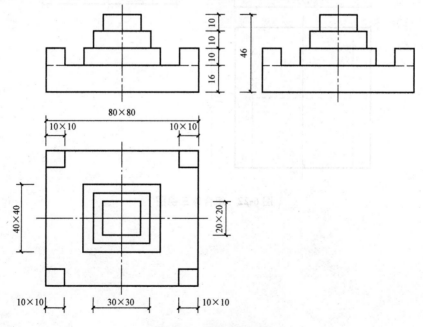

图 6-20　组合体投影图

4. 已知小桥正投影图，如图 6-21 所示，绘制其斜二轴测图。

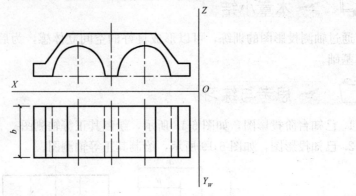

图 6-21　小桥正投影图

5. 已知组合体三视图，如图 6-22 所示，绘制其斜二轴测图。

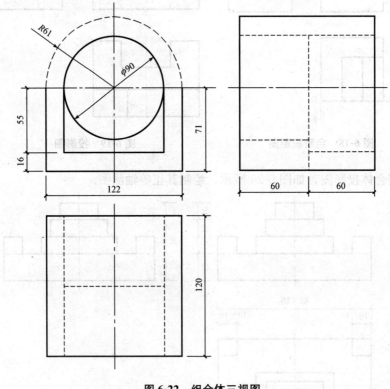

图 6-22　组合体三视图

第 7 章

建筑施工图设计与绘制

📖 导读

本章着重讲述建筑施工图中的平面图、立面图、剖面图和楼梯剖面图的绘制内容、绘制要求及方法与步骤。一般按平面图→立面图→剖面图→详图的顺序来绘制建筑施工图。

📖 知识目标

1. 掌握建筑施工图绘制的内容。
2. 掌握建筑施工图绘制的要求。

📖 技能目标

能够熟练绘制建筑施工图。

项目引入 7　某住宅楼立面图的绘制

📖 项目说明

1. 项目描述

已知某住宅楼施工图设计总说明(图 7-1),某住宅楼平剖面效果图(图 7-2),某住宅楼立剖面效果图(图 7-3),某住宅楼Ⓖ～Ⓐ、Ⓐ～Ⓖ立面图(图 7-4),在 A3 幅面的图纸上,按 1:100 比例用铅笔绘制Ⓖ～Ⓐ、Ⓐ～Ⓖ立面图。

2. 工具

画图板、A3 纸、丁字尺、直尺、三角板、圆规、2B 铅笔、橡皮擦。

施工图设计总说明

一、设计依据

1. ××市商新规划局的××××年5月12日方案批复。
2. 国家统一标准现行有关工程建设标准及规范。

◆《民用建筑设计统一标准》(GB 50352—2019)
◆《建筑设计防火规范》(GB 50016—20l4版)
◆《××省居住建筑节能设计标准》(DB 45/221—2017)
◆《××夏热冬暖地区居住建筑节能设计标准》(JGJ 75—2012)

◆《住宅设计规范》(GB 50096—2011)
◆《建筑内部装修设计防火规范》(GB 50222—2017)
◆《工程建设强制性条文》(房屋建筑部分)2013版
◆国家现行其他相关标准规范及规范。

二、项目概况

建设单位	××市某学校	建筑楼层	地上6层	设计使用年限	50年
项目名称	职工集资楼	建筑高度	18.3 m	屋面防水等级	二级
建设地点		耐火分类	多层	结构类型	砖混结构
用地概貌	地势无高差	耐火等级	二级	抗震设计类别	乙类
总用地面积	125 435.57m²	杂物房面积	976.46m²	抗震设防烈度	六度
总建筑面积	9 807.82m²	住宅面积	8 831.36m²		

三、建设规模详见JZ-03：总平面分区图示意图中技术经济指标。

1. 地上部分施工图设计说明

1. 设计标高：本工程±0.000（海拔73.8 m）详见JZ-03总平面定位图，现场施工前应与实际场地标高进行校核。各层标高均为建筑完成面标高，屋面标高为各结构标高。屋面及分户墙应以m为单位，总平面尺寸以m为单位，其他尺寸以mm为单位。

2. 墙体材料：各层平面外墙均为墙多孔砖，外墙及分户墙轴线均为240 mm。有关墙体应为混凝土柱，墙的连接处均采用见结构施工图。

墙注墙门窗定详见98ZJ0721；储藏间门窗应门框选用5%防水防潮层200mm。注：立面所选用外墙饰面做法见住宅工程做法表参见5DZJ001第70页外墙24，外墙保温做法详见05ZJ001第72页28。

外墙面：采用外墙涂料，颜色详见立面。涂料饰面做前做墙村板墙。（JGJ 113—2015）和《建筑装饰中墙饰抹灰，设计方和抹工采业主。

注：工面和墙的玻璃幕墙选应对本工程技术规程。门窗加工尺寸要按做墙砌抹灰，墙上窗洞详见结构施工图。墙注墙的墙脚做做墙本涂层。

2. 门窗工程：门窗表及窗洞应上下完透（无分隔隔板）详见05ZJ001第21页1，凡占外墙的墙于以调整。墙上窗洞详见结构及其他墙墙水线。做法详见98ZJ901第23B。

注：门窗墙色玻璃幕均用M5混合砂浆墙底M7.5级墙多孔砖多孔砖，双面方水泥砂浆和做做漆水泥墙面。

3. 各类门窗详见05ZJ001第19页24，并应业主。门窗采做详见住宅工程做法表参5DZJ001第72页B。

门窗工程：门窗注详[门窗工程]和《建筑门窗设计防火规范》发运详[2003]号>及地区门窗有关规定。门窗数量及选用图集内窗墙洞口尺寸，门窗加工大样图由生产厂审核确定。

4. 管道井道及留洞：建筑物内的屏应详应下完覆（无分隔隔板）详见05ZJ001第21页1，凡占外墙的墙脚与其他墙内墙留洞及其墙建墙水泥砂面。

5. 木工程各门楼板以上到梁上到楼板墙底成氯墙防火堵墙应封注处理。并应详与墙洞处理，双面方水泥砂浆和做做漆水泥墙面。

6. 各类房门墙注：屋面女儿墙上山墙内墙现水涂两道一道，水漆涂墙需涂两道，做法见水泥砂墙工质量验收规范规定。

7. 本工程内有墙墙材料应做防火涂料做防锈涂料应现水涂两道。详见05ZJ001第19页24页，确认无误方可施工，严禁施工。

8. 防腐防膜：外露墙件均应涂防锈涂处理。明确墙与墙村墙内加墙丝网格布，防止裂缝。

9. 其他施工注意事项：
（1）本工程水电、通风设备与施工应先互相协调后再施工。各种留洞与预埋件应与各专种切配合。水泥砂墙卫生间楼面详见05ZJ001第23页4页1（用于住楼面）水泥砂墙某卫生间楼面详见5DZJ001第31页楼30（用于卫生间）
（2）两种材料的墙体交接处，应墙塔墙面层饰墙面前加钉全属网或墙丝连接墙格布，防止裂缝。
（3）施工中应严格执行国家现行工质量及严格验收现行工质量验收收规范规定。

四、其他地面做法

1. 细石混凝土地面详见05ZJ001第111页某5（用于一层地面）。水泥砂墙楼面（三级防水不上人屋面）。

2. 屋面一做法参参照图05ZJ001第114页某18（二级防水不上人屋面）。

3. 屋面三做法参照05ZJ001第122页某44（二级防水上人屋面）。

注：其余本说明未详处及大样详见详及严格现行工质量验收现范标准工。

图7-1 某住宅楼施工图设计总说明

（右侧图签栏）
审批
审定
审核
专业负责人
设计人
制图

××市某学校
建设单位

项目名称（子项名称）
（16栋）

图名 建筑设计总说明

设计号 C07012
专业 建筑
图号 JZ-01

日期 2007.06.14
施工图

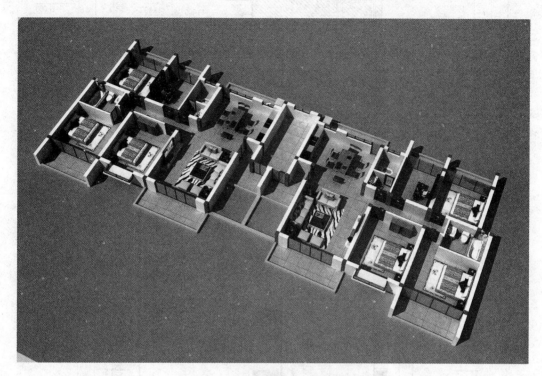

图 7-2　某住宅楼平剖面效果图

图 7-3　某住宅楼立剖面效果图

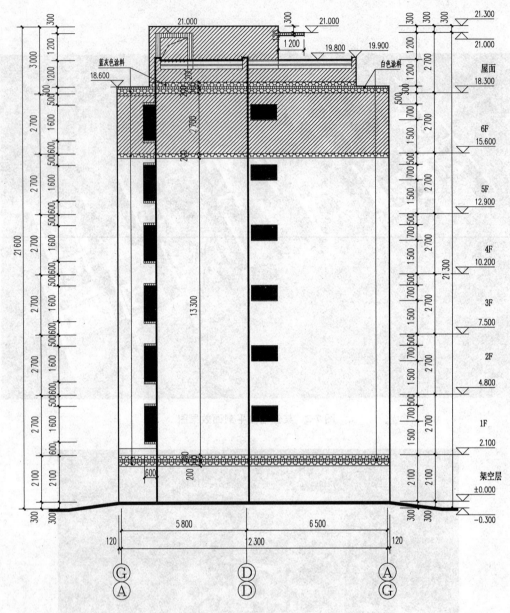

图 7-4　某住宅楼⑥～Ⓐ、Ⓐ～⑥立面图

教 学 目 标

　　某住宅楼立面图的绘制项目引入的教学目标是为学习者做一个学习示范,展示建筑施工图的绘制。

工作任务

　　1. 建筑立面图的绘制。

　　2. 标注文本注释及尺寸标注。

项目实施

　　1. 绘制轴线、楼层标高线,如图 7-5 所示。

· 156 ·

2. 绘制地坪线及建筑物的外围轮廓线，如图 7-6 所示。

3. 绘制阳台、门窗，如图 7-7 所示。

4. 绘制外墙立面的造型细节，如图 7-8 所示。

5. 标注立面图的文本注释和尺寸标注，如图 7-9 所示。

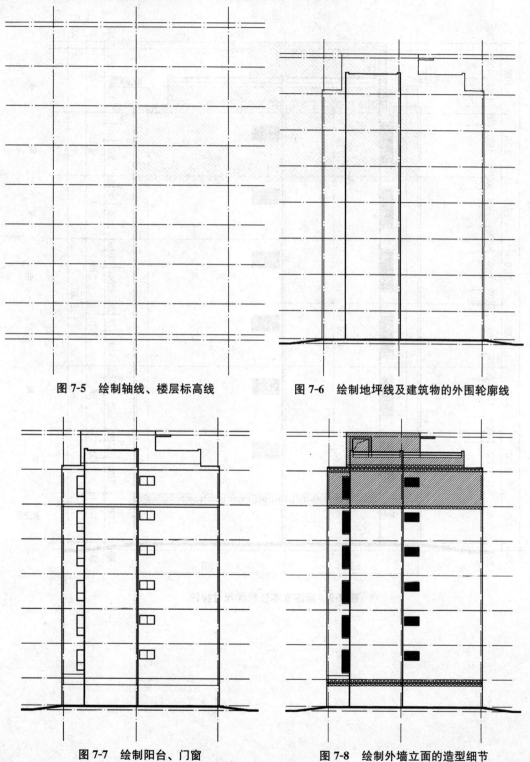

图 7-5　绘制轴线、楼层标高线　　　　图 7-6　绘制地坪线及建筑物的外围轮廓线

图 7-7　绘制阳台、门窗　　　　　　　图 7-8　绘制外墙立面的造型细节

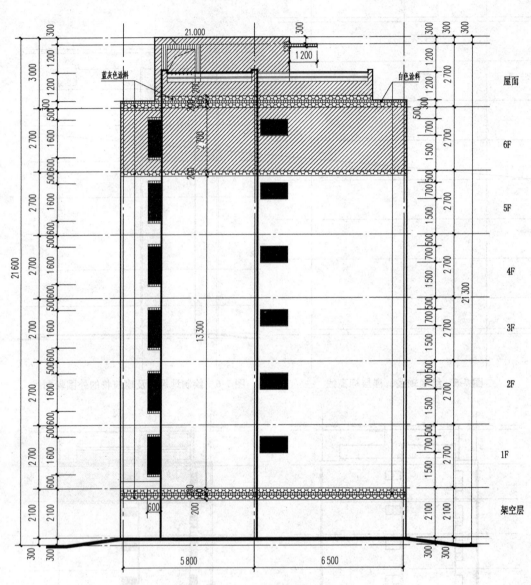

图 7-9 标注文本注释和尺寸标注

6. 标注立面图的符号，如高程符号、索引符号、轴标号等，如图 7-10 所示。

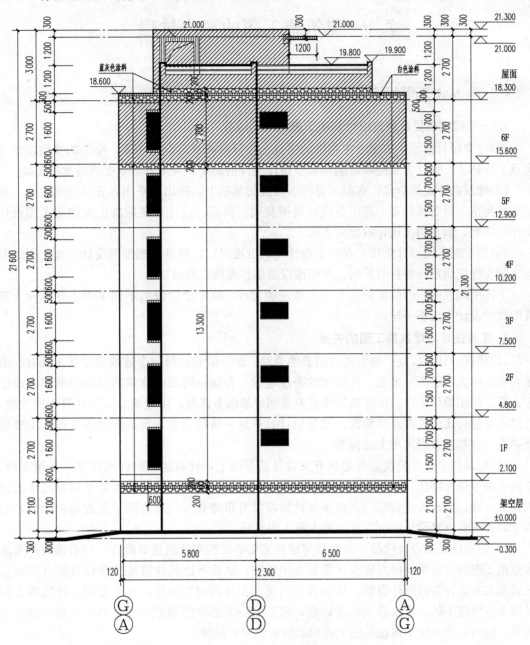

图 7-10　标注高程符号、索引符号、轴标号

7.1 建筑施工图的产生过程

7.1.1 从建筑设计到建筑施工图

1. 一个建筑项目从建筑设计到建筑施工图的过程

(1)建筑设计阶段：依据业主提供的项目、投资限额及建设条件等，提供初步的设计方案及工程估价。设计方案应满足编制初步设计文件的需要，满足方案审批或报批的要求。

(2)建筑初步设计阶段：在对项目深入研究的基础上，提出总平面布置及建筑设计，确定设计构造、设备及外观，提出总设计说明及项目概算。设计方案应满足编制施工图设计文件的需要，满足初步设计审批的要求。

(3)建筑施工图设计阶段：在初步设计得到批准以后，将进行施工图设计。施工图纸所包含的文件应满足设备材料采购、非标准设备制作和施工的需要。

上述所阐述的三个阶段是一个逐步递进的过程。这三个阶段的不同主要表现在对于建筑图纸的设计深度不一样。

2. 建筑设计与建筑施工图的关系

(1)建筑设计阶段是一种创造性的思维劳动。这一阶段是每一个建筑项目从无到有、由粗到细、由表及里的形象化、具体化的表现过程。在这一阶段由建筑的功能关系和基地形态入手，运用设计手法，由建筑大体量关系到建筑细节部分，由建筑立面到建筑平面功能，经过反复进行比较修改并逐渐深入建筑设计。在这一阶段主要表现整体设计意图和主要设计要点，有些细节则不用太过详细。

(2)建筑初步设计阶段是在建筑方案设计的基础上，针对建筑的使用功能、平面布局、立面效果等进行细化，为建筑施工图的设计做好准备。但是，对于技术要求相对简单的民用建筑工程，当有关主管部门在初步设计阶段没有审查要求，且合同中没有做初步设计的约定时，可在方案设计审批后直接进入施工图设计。

(3)建筑施工图设计阶段一方面是将建筑方案落实到实处的重要阶段，没有准确严谨的建筑施工图设计，所有的方案设计都是空中楼阁，准确严谨的建筑施工图设计能直接表达出建筑方案设计者的设计思想，从而表达出建筑自身的建筑灵感；另一方面，建筑施工图是用来指导施工的，所以必须非常详细，包括每一个必要的细部尺寸、做法大样、施工说明等，同时，建筑施工图也是施工完成后验收的重要依据。

7.1.2 建筑施工图设计的原则、规范与内容

1. 建筑施工图设计的原则

(1)建筑施工图设计必须符合国家法规及相关规范要求，在满足相关规范及遵循建筑方案的基础上力求做到"设计科学、功能合理、节省造价、便于施工"四个原则。

(2)建筑施工图设计需要综合建筑、结构、设备等工种，各工种之间相互交底、不断核实核对，深入了解材料供应、施工技术、设备等条件，将满足工程施工的各项具体要求反映在图纸中，做到整套图纸齐全统一，明确无误。

2. 建筑施工图设计的规范

(1)《建筑工程设计文件编制深度规定》(2016 年版)。

(2)《民用建筑设计统一标准》(GB 50352—2019)。

(3)《无障碍设计规范》(GB 50763—2012)。

(4)《建筑设计防火规范(2018 年版)》(GB 50016—2014)。

(5)《绿色建筑评价标准》(GB/T 50378—2019)。

(6)其他相关规范。

3. 建筑施工图设计的内容

(1)建筑总平面图,各层建筑平面、各个立面及必要的剖面,建筑构造节点详图。

(2)各工种相应配套的施工图纸,如基础平面图和基础详图、楼板及屋顶平面图和详图、结构构造节点详图等结构施工图,给水排水、电气照明及暖气或空气调节等设备施工图。

(3)建筑、结构及设备等的说明书(对于涉及建筑节能设计的专业,其设计说明应有建筑节能设计的专项内容;涉及装配式建筑设计的专业,其设计说明及图纸应有装配式建筑专项设计内容)。

(4)结构及设备设计等专业的计算书。

(5)合同要求的工程预算书。

7.2　建筑施工图绘制

(1)确定绘制图样的数量。根据房屋的外形、层数、平面布置和构造内容的复杂程度,以及施工的具体要求,确定图样的数量,做到表达内容既不重复也不遗漏。图样的数量在满足施工要求的条件下以少为好。

(2)选择适当的比例。

(3)进行合理的图面布置。图面布置要主次分明,排列均匀紧凑,表达清楚,尽可能保持各图之间的投影关系。同类型的、内容关系密切的图样,集中在一张或图号连续的几张图纸上,以便对照查阅。

(4)施工图的绘制方法。绘制建筑施工图的顺序,一般是按平面图→立面图→剖面图→详图顺序来进行的。先用铅笔画底稿,经检查无误后,按"国标"规定的线型加深图线。铅笔加深或描图上墨时,一般顺序是:先画上部,后画下部;先画左边,后画右边;先画水平线,后画垂直线或倾斜线;先画曲线,后画直线。

7.2.1　绘制建筑平面图

1. 建筑平面图的绘制内容

建筑平面图是房屋各层的水平剖面图,表达了房屋的平面形状、大小和房间的布置,墙和柱的位置、厚度和材料,门窗的位置和大小等。建筑平面图是重要的施工依据,在绘制前首先应清楚需要绘制的内容。建筑平面图的主要内容如下:

(1)图名、比例。

绘制建筑平面图

(2)纵横定位轴线及其标号。

(3)建筑的内外轮廓、朝向、布置、空间与空间的相互联系、入口、走道、楼梯等，首层平面图需绘制指北针表达建筑的朝向。

(4)建筑物的门窗开启方向及其编号。

(5)建筑平面图中的各项尺寸标注和高程标注。

(6)建筑物的造型结构、室内布置、施工工艺、材料搭配等。

(7)剖面图的剖切符号及编号。

(8)详图索引符号。

(9)施工说明等。

2. 建筑平面图的绘制要求

(1)图纸幅面。A3 图纸幅面是 297 mm×420 mm，A2 图纸幅面是 420 mm×594 mm，A1 图纸幅面是 594 mm×841 mm，其图框的尺寸详见相关的制图标准。

(2)图名及比例。建筑平面图的常用比例是 1∶50、1∶100、1∶150、1∶200、1∶300。图样下方应注写图名，图名下方应绘制一条短粗实线，右侧应注写比例，比例字高宜比图名的字高小一号或二号。

(3)图线。

1)图线宽度。图线的基本宽度 b 可从下列线宽系列中选取：

①0.18、0.25、0.35、0.5、0.7、1.0、1.4、2.0(mm)。

②A2 图纸建议选用 $b=0.7$ mm(粗线)、$0.5b=0.35$ mm(中粗线)、$0.25b=0.18$ mm(细线)。

③A3 图纸建议选用 $b=0.5$ mm(粗线)、$0.5b=0.25$ mm(中粗线)、$0.25b=0.13$ mm(细线)。

2)线型。

①实线 continuous、虚线 ACAD_ISOO2W100 或 dashed、单点长画线 ACAD_ISOO4W100 或 Center、双点长画线 ACAD_ISOO5W100 或 Phantom。

②线型比例大致取出图比例倒数的一半左右(在模型空间应按 1∶1 绘图)。

③用粗实线绘制被剖切到的墙、柱断面轮廓线，用中实线或细实线绘制没有剖切到的可见轮廓线(如窗台、梯段等)。尺寸线、尺寸界线、索引符号、高程符号等用细实线绘制，轴线用细单点长画线绘制。

(4)字体。

1)图样及说明的汉字应采用长仿宋体，高度与宽度的比值是 0.7。

汉字的高度应从以下系列中选择：2.5、3.5、5、7、10、14、20(mm)。

2)汉字的高度不应小于 3.5 mm，拉丁字母、阿拉伯数字或罗马数字的字高不应小于 2.5 mm。

3)在执行 Dtext 或 Mtext 命令时，文字高度应设置为上述的高度值乘以出图比例的倒数。

(5)尺寸标注。

1)尺寸界线应用细实线绘制，一般应与被注长度垂直，其一端应离开图样轮廓线不小于 2 mm，另一端宜超出尺寸线 2~3 mm。

2)尺寸起止符号一般用中粗(0.5b)斜短线绘制，其斜度方向与尺寸界线成顺时针 45°，长度宜为2~3 mm。半径、直径、角度与弧长的尺寸起止符号,宜用箭头表示。

3)互相平行的尺寸线,应按照被注写的图样轮廓线由近向远的顺序整齐排列,应将大尺寸标在外侧,小尺寸标在内侧。尺寸线与图样最外轮廓之间的距离不宜小于10 mm。平行排列的尺寸线的间距宜为7~10 mm,并应保持一致。

4)所有注写的尺寸数字应离开尺寸线约1 mm。

5)在AutoCAD中,全局比例应设置为出图比例的倒数。

(6)剖切符号。剖切位置线长度宜为6~10 mm,投射方向线应与剖切位置线垂直,画在剖切位置线的同一侧,长度应短于剖切位置线,宜为4~6 mm。为了区分同一形体上的剖面图,在剖切符号上宜用字母或数字,并注写在投射方向线一侧。

(7)详图索引符号。

1)图样中的某一局部或构件,如需另见详图,应以索引符号标出。索引符号是由直径为10 mm的圆和水平直径组成,圆及水平直径均以细实线绘制。

2)详图的位置和编号,应以详图符号表示。详图符号的圆应以直径为14 mm的粗实线绘制。

(8)引出线。引出线应以细实线绘制,宜采用水平方向的直线,与水平方向成30°、45°、60°、90°的直线,或经上述角度再折为水平线。文字说明宜注写在水平线的上方,也可注写在水平线的端部。

(9)指北针。指北针是用来指明建筑物朝向的。圆的直径宜为24 mm,用细实线绘制,指针尾部的宽度宜为3 mm,指针头部应标示"北"或"N"。需用较大直径绘制指北针时,指针尾部宽度宜为直径的1/8。

(10)高程符号。

1)高程符号用细实线绘制的等腰直角三角形表示,其高度控制在3 mm左右。在模型空间绘图时,等腰直角三角形的高度值应是3 mm乘以出图比例的倒数。

2)高程符号的尖端指向被标注高程的位置。高程数字写在高程符号的延长线一端,以米(m)为单位,注写到小数点后的第3位。零点高程应写成±0.000,正数高程不用加"+",但负数高程应标注"-"。

(11)定位轴线。

1)定位轴线应用细单点长画线绘制。

2)定位轴线一般应编号,编号应注写在轴线端部的圆圈内,字高大概比尺寸标注的文字大一号。圆应用细实线绘制,直径为8~10 mm,定位轴线圆的圆心,应在定位轴线的延长线上。

3)横向编号应用阿拉伯数字,从左至右顺序编写;竖向编号应用大写拉丁字母,从下至上顺序编写,但I、O、Z字母不得用作轴线编号。

3. 建筑平面图的绘制案例

在A2幅面的图纸上,按1∶100比例用铅笔绘制"10栋一层平面图",如图7-11所示。

(1)选择1∶100比例,确定图纸幅面为A2。

(2)绘制定位轴线,如图7-12所示。

(3)绘制墙体和柱的轮廓线,如图7-13所示。

(4)绘制细部,如门窗、阳台、台阶、卫生间等,如图7-14所示。

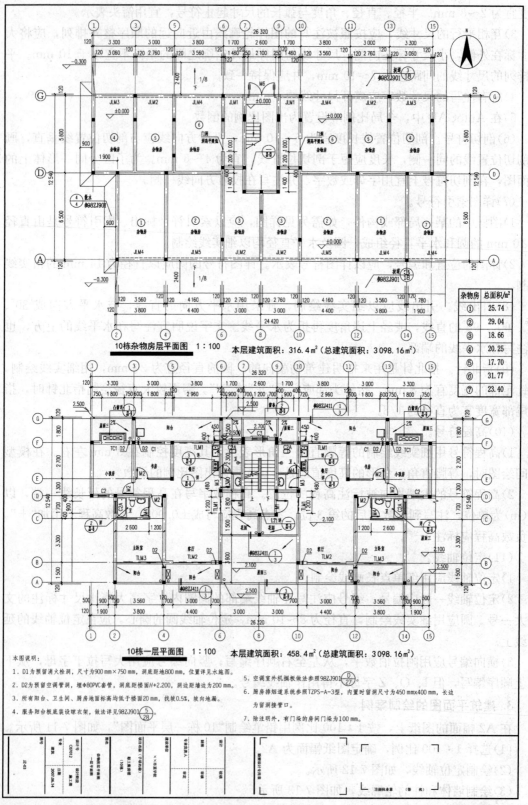

10栋杂物房层平面图　1：100　　本层建筑面积：316.4 m²（总建筑面积：3 098.16 m²）

杂物房	总面积/m²
①	25.74
②	29.04
③	18.66
④	20.25
⑤	17.70
⑥	31.77
⑦	23.40

10栋一层平面图　1：100　　本层建筑面积：458.4 m²（总建筑面积：3 098.16 m²）

本图说明：

1. D1为预留清火检洞，尺寸为900 mm×750 mm，洞底距地800 mm，位置详见水施图。

2. D2为预留空调管洞，埋Φ80PVC套管，洞底距楼面H+2.200，洞边距墙边为200 mm。

3. 所有阳台、卫生间、厨房地面标高均低于楼面20 mm，找坡0.5%，坡向地漏。

4. 服务阳台板底装设晾衣架，做法详见98ZJ901第⑤页。

5. 空调室外机搁板做法参照98ZJ901第⑰页。

6. 厨房排烟道系统参照TZPS-A-3型，内置时留洞尺寸为450 mm×400 mm，长边为留接管口。

7. 除注明外，有门垛的房间门垛为100 mm。

图7-11　10栋一层平面图

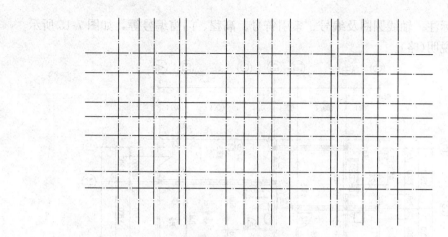

图 7-12   绘制定位轴线

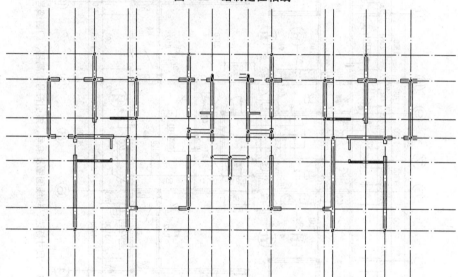

图 7-13   绘制墙体和柱的轮廓线

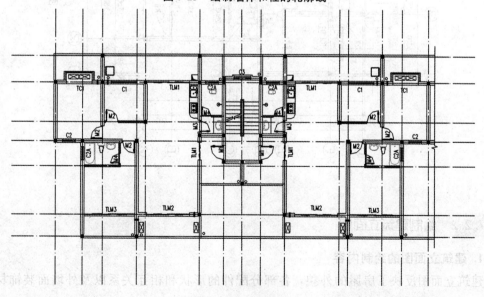

图 7-14   绘制细部

(5)尺寸标注、轴线圆圈及编号、索引符号、高程、门窗编号等，如图 7-15 所示。

(6)文字说明(略)。

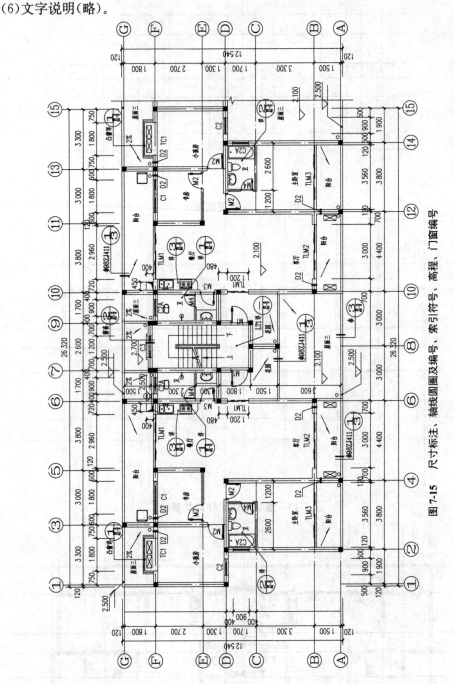

图 7-15 尺寸标注、轴线圆圈及编号、索引符号、高程、门窗编号

7.2.2 绘制建筑立面图

1. 建筑立面图的绘制内容

建筑立面图反映了房屋的外貌，各部分配件的形状和相互关系以及外墙面装饰材料、

做法等。建筑立面图是建筑施工中控制高度和外墙装饰效果的重要技术依据。在绘制前也应清楚需要绘制的内容。建筑立面图的主要内容如下：

(1)图名、比例。

(2)两端的定位轴线和编号。

(3)建筑物的体形和外貌特征。

(4)门窗的大小、样式、位置及数量。

(5)各种墙面、台阶、阳台等建筑构造与构件的具体位置、大小、形状、做法。

(6)立面高程及局部需要说明的尺寸。

(7)详图的索引符号及施工说明等。

2. 建筑立面图的绘制要求

(1)图纸幅面和比例。通常，建筑立面图的图纸幅面和比例的选择在同一工程中可考虑与建筑平面图相同，一般采用1∶100的比例。建筑物过大或过小时，可以选择1∶200或1∶50。

(2)定位轴线。在建筑立面图中，一般只绘制两条定位轴线，且分布在两端，与建筑平面图相对应，确定立面的方位，以方便识图。

(3)线型。为了更能凸显建筑立面图的轮廓，使得层次分明，地坪线一般用特粗实线($1.4b$)绘制；轮廓线和屋脊线用粗实线(b)绘制；所有的凹凸部位(如阳台、线脚、门窗洞等)用中实线($0.5b$)绘制；门窗扇、雨水管、尺寸线、高程、文字说明的指引线、墙面装饰线等用细实线($0.25b$)绘制。

(4)图例。由于建筑立面图和建筑平面图一般采用相同的出图比例，所以门窗和细部的构造也常采用图例来绘制。绘制时只需要画出轮廓线和分格线，门窗框用双线。常用的构造和配件的图例可以参照相关的国家标准。

(5)尺寸标注。

1)建筑立面图分三层标注高度方向的尺寸，分别是细部尺寸、层高尺寸和总高尺寸。

2)细部尺寸用于表示室内外地面高度差、窗口下墙高度、门窗洞口高度、洞口顶部到上一层楼面的高度等；层高尺寸用于表示上下层地面之间的距离；总高尺寸用于表示室外地坪至女儿墙压顶端檐口的距离。另外，还应标注其他无详图的局部尺寸。

(6)高程尺寸。建筑立面图中需标注房屋主要部位的相对高程，如建筑室内外地坪、各级楼层地面、檐口、女儿墙压顶、雨罩等。

(7)索引符号。建筑物的细部构造和具体做法常用较大比例的详图来反映，并用文字和符号加以说明。所以，凡是需绘制详图的部位，都应该标上详图的索引符号，具体要求与建筑平面图相同。

(8)建筑立面图的绘制步骤。

1)选择比例，确定图纸幅面；

2)绘制轴线、地坪线及建筑物的外围轮廓线；

3)绘制阳台、门窗；

4)绘制外墙立面的造型细节；

5)标注立面图的文本注释；

6)立面图的尺寸标注；

7)立面图的符号标注，如高程符号、索引符号、轴标号等，如图7-16所示(参见附录2"某职工集资楼建筑施工图"中JZ—05图)。

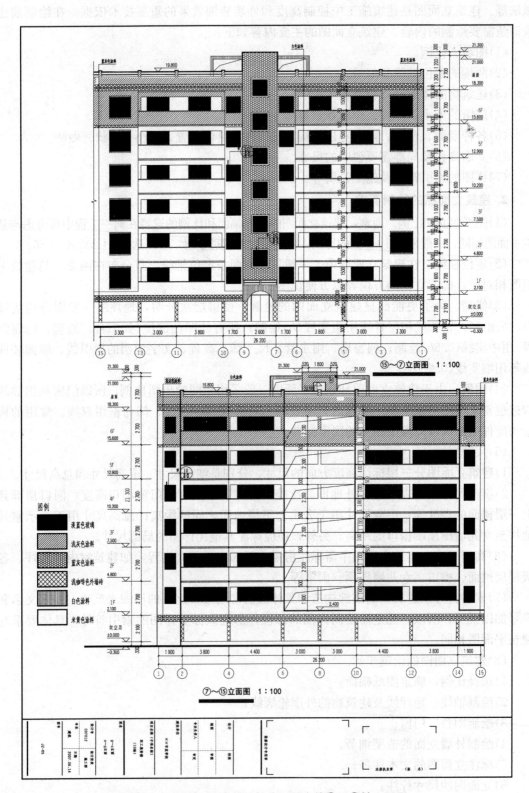

图 7-16 某职工集资楼建筑施工图中的①～⑮轴立面图

1. 建筑剖面图的绘制内容

建筑剖面图反映了房屋内部垂直方向的高度、分层情况，楼地面和屋顶结构形式及各构配件在垂直方向的相互关系。建筑剖面图是与平面图、立面图相互配合的不可缺少的重要图样之一。建筑剖面图的主要内容如下：

(1)图名、比例。

(2)必要的轴线及各自的编号。

(3)被剖切到的梁、板、平台、阳台、地面及地下室图形。

(4)被剖切到的门窗图形。

(5)剖切处各种构配件的材质符号。

(6)未剖切到的可见部分，如室内的装饰和剖切平面平行的门窗图形、楼梯段、栏杆的扶手等和室外可见的雨水管、水漏等以及底层的勒脚和各层的踢脚。

(7)高程以及必需的局部尺寸的标注。

(8)详图的索引符号。

(9)必要的文字说明。

2. 建筑剖面图的绘制要求

(1)图名和比例。建筑剖面图的图名必须与底层平面图中剖切符号的编号一致，如1-1剖面图。

建筑剖面图的比例与平面图、立面图一致，采用1∶50、1∶100、1∶200等较小比例绘制。

(2)所绘制的建筑剖面图与建筑平面图、建筑立面图之间应符合投影关系，即长对正、宽相等、高平齐。读图时，也应将三图联系起来。

(3)图线。凡是剖切到的墙、板、梁等构件的轮廓线用粗实线表示，没有剖切到的其他构件的投影线用细实线表示。

(4)图例。由于比例较小，剖面图中的门窗等构配件应采用国家标准规定的图例表示。

为了清楚地表达建筑各部分的材料及构造层次，当剖面图的比例大于1∶50时，应在剖切到的构配件断面上画出其材料图例；当剖面图的比例小于1∶50时，则不画材料图例，而用简化的材料图例表示其构件断面的材料，如钢筋混凝土的梁、板可在断面处涂黑，以区别于砖墙和其他材料。

(5)尺寸标注与其他标注。建筑剖面图中应标出必要的尺寸。

1)外墙的竖向标注三道尺寸，最里面一道为细部尺寸，标注门窗洞及洞间墙的高度尺寸；中间一道为层高尺寸；最外一道为总高尺寸。另外，还应标注某些局部的尺寸，如内墙上门窗洞的高度尺寸，窗台的高度尺寸以及一些不需绘制详图的构件尺寸，如栏杆扶手的高度尺寸、雨篷的挑出尺寸等。

2)建筑剖面图中需标注高程的部位有室内外地面、楼面、楼梯平台面、檐口顶面、门窗洞口等。建筑剖面图内部的各层楼板、梁底面也需标注高程。

3)建筑剖面图的水平方向应标注墙、柱的轴线编号及轴线间距。

（6）详图索引符号。由于建筑剖面图比例较小，某些部位如墙脚、窗台、楼地面、顶棚等节点不能详细表达，可在建筑剖面图上的该部位处画上详图索引符号，另用详图表示其细部构造。楼地面、顶棚、墙体内外装修也可用多层构造引出线的方法说明。

3. 建筑剖面图的绘制案例

在 A2 幅面的图纸上，按 1∶50 比例用铅笔绘制剖面图，如图 7-17 所示（参见附录 2"某职工集资楼建筑施工图"中 JZ—06 图）。

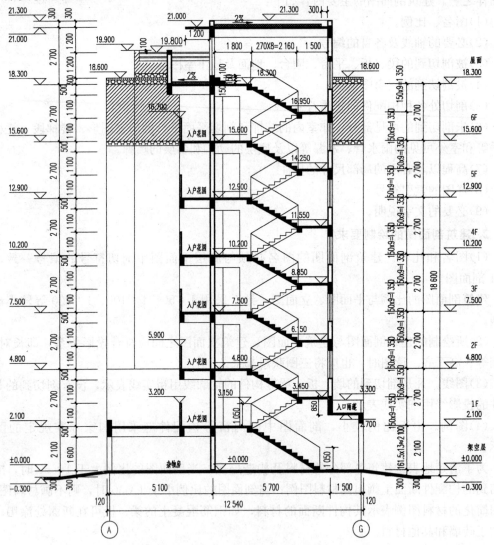

图 7-17　某职工集资楼建筑施工图中的 1—1 剖面图

（1）绘制定位轴线、楼层标高线，如图 7-18 所示。

（2）绘制室内外地坪线、墙体断面轮廓、未被剖切到的可见墙体轮廓以及各层的楼面、屋面等，如图 7-19 所示。

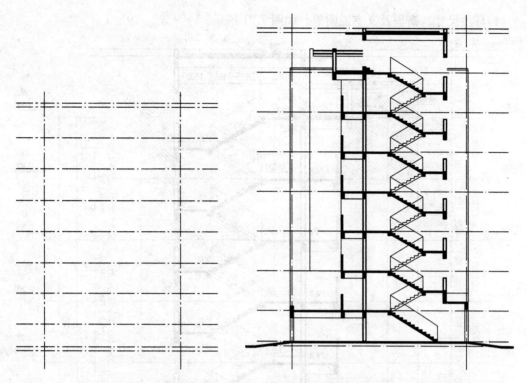

图 7-18　绘制定位轴线、楼层标高线　　　　图 7-19　绘制室内外地坪线、墙体断面轮廓

(3)绘制门窗洞、檐口、固定设备、阳台及其他可见轮廓线，如图 7-20 所示。

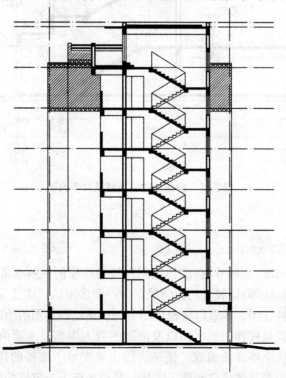

图 7-20　绘制门窗洞、檐口、固定设备、阳台及其他可见轮廓线

（4）标注尺寸、高程及文字说明等，如图 7-21 所示。

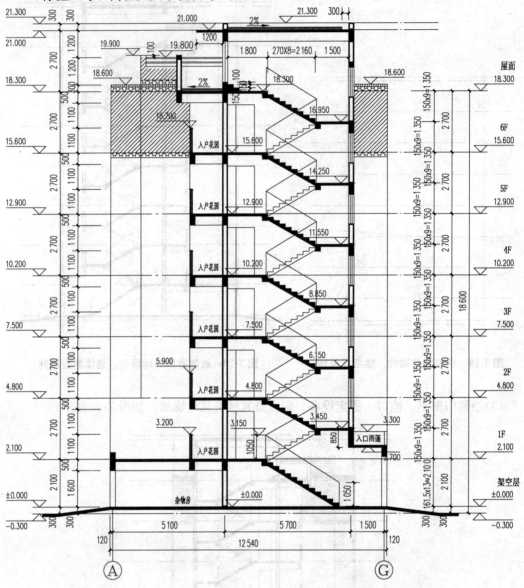

图 7-21　标注尺寸、高程及文字说明

建筑详图是建筑细部（也称节点）的施工图，是对房屋的一些细部的详细构造（如形状、层次、尺寸、材料和做法等）以较大的比例展示。一般房屋的详图主要有墙身节点详图、楼梯详图及室内外构配件详图。本章以楼梯详图为例讲述建筑详图的绘制过程。

楼梯详图实际上就是楼梯间的平面以及剖面的放大图例，主要由楼梯平面图，楼梯剖面图和踏步、栏杆、扶手等详图组成。楼梯详图主要表示了楼梯的样式、类型、结构、各部位尺寸、踏步、栏板等具体信息和施工工艺，是楼梯施工与放样的依据。

楼梯平面图实际上就是建筑平面图中楼梯间的局部放大，将其绘制内容进一步细化即可得到楼梯平面图，这里不再介绍。

楼梯剖面图是用来表示各楼层及休息平台的高程、梯段踏步及各种构配件的竖向布置和构造情况。由底层楼梯平面图可知剖切位置和剖视方向。本书的重点是绘制楼梯剖面图和楼梯节点详图。

1. 楼梯剖面图的绘制内容

楼梯剖面图所需绘制的内容与建筑剖面图相似，主要有以下几项：

(1)图名、比例。

(2)必要的轴线及各自的编号。

(3)房屋的层数、楼梯的梯段数、踏步数。

(4)被剖切到的门窗、梁、板、平台、阳台、地面等。

(5)剖切处各种构配件的材质符号。

(6)一些虽然没有被剖切到，但是可见部分的构配件，如室内外的装饰和与剖切平面平行的门窗图形、楼梯段、栏杆的扶手等。

(7)可见部分的勒脚和踢脚。

(8)楼梯的竖向尺寸和各处的高程等。

(9)详图的索引符号。

(10)文字说明等。

2. 楼梯剖面图的绘制要求

(1)图名和比例。楼梯剖面图应与楼梯平面图选取相同的比例，与建筑剖面图的比例基本一致。楼梯节点详图采用 1∶10、1∶20 等较大比例绘制。

楼梯剖面图的剖切符号的编号可直接命名楼梯剖面图。如楼梯底层平面图中有剖切符号，其剖面图的命名应与剖切符号的编号一致。

(2)图线。凡是剖切到的墙、板、梁等构件的轮廓线用粗实线表示，没有剖切到的其他构件的投影线用细实线表示。

(3)图例。楼梯剖面图中的门窗等构配件也应采用国家标准规定的图例表示。

(4)尺寸标注与其他标注。楼梯剖面图中应标注出必要的尺寸。楼梯节点详图则需清楚地表达出细小的构造尺寸，在之前的平面图和剖面图中出现过的尺寸可以不加标注。

(5)详图索引符号。在楼梯剖面图中，某些不能详细表达部位，可在该处画上详图索引符号，另用节点详图表示其细部构造。

3. 楼梯剖面图的绘制步骤

(1)绘制各定位轴线、墙身线、室内外地坪线和休息平台顶面线，如图 7-22 所示(参见附录 2"某职工集资楼建筑施工图"中 JZ—07 图)。

(2)确定休息平台的宽度和梯段的起步点，依据楼梯踏步的宽度、步数和高度绘制楼梯的踏步。

(3)绘制楼梯板、平台板、楼梯梁、栏杆扶手等轮廓，如图 7-23 所示。

(4)绘制门窗洞、檐口及其他细节，如图 7-24 所示。

(5)尺寸标注、高程及文字说明等，如图 7-25 所示。

(6)绘制节点详图，如图 7-26 所示。

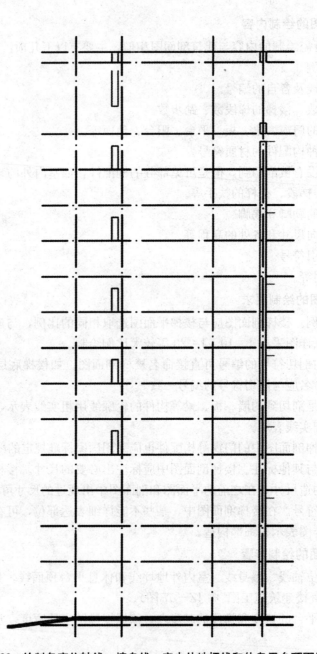

图 7-22　绘制各定位轴线、墙身线、室内外地坪线和休息平台顶面线

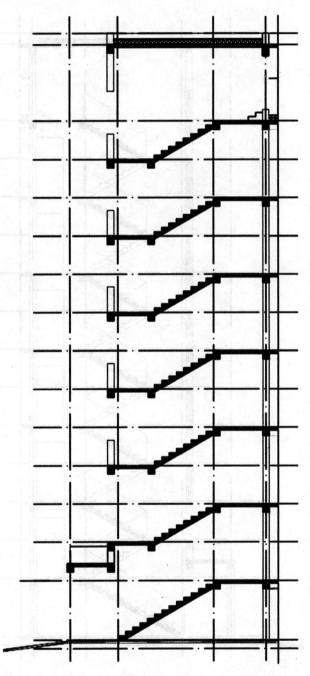

图 7-23　绘制楼梯板、平台板、楼梯梁、栏杆扶手等轮廓

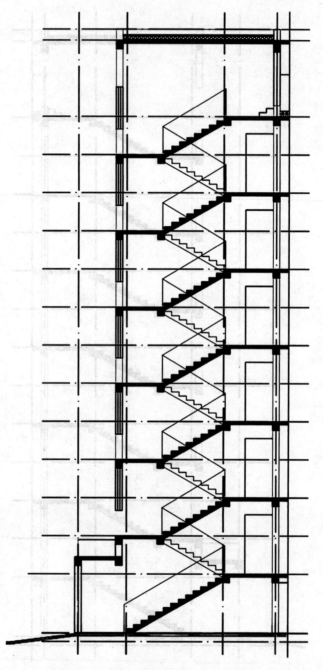

图 7-24 绘制门窗洞、檐口及其他细节

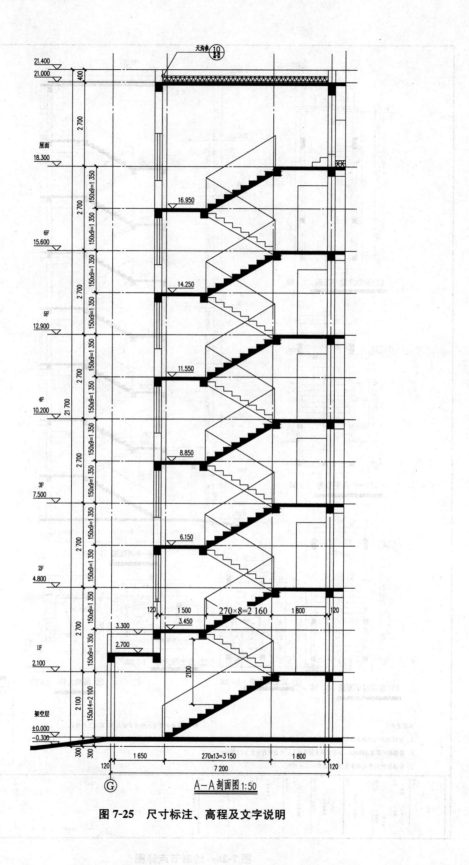

图 7-25　尺寸标注、高程及文字说明

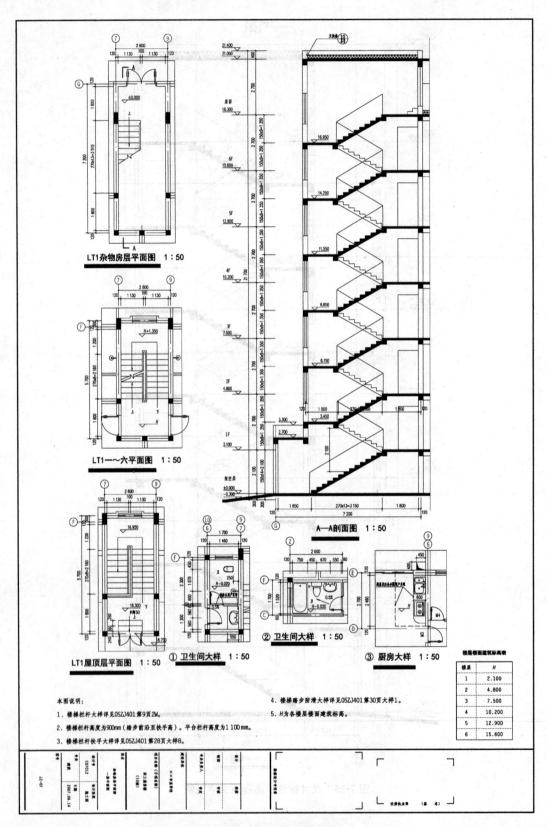

图 7-26　绘制节点详图

任务训练7 绘制住宅楼建筑图

1. 任务描述

如图 7-27、图 7-28 所示在 A2 幅面的图纸上，按所给比例用铅笔绘制图样。

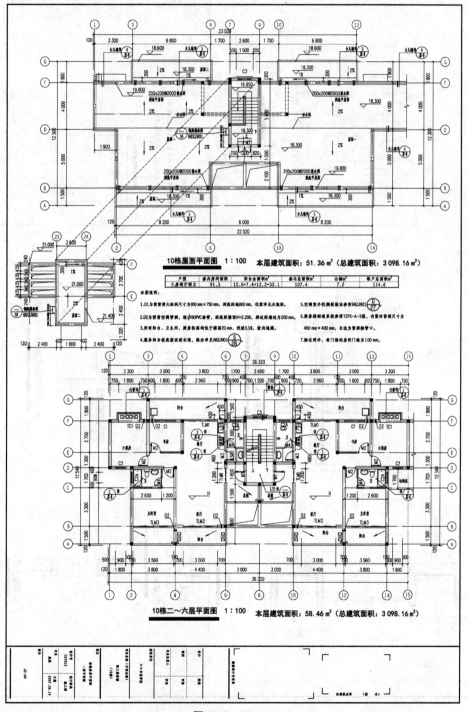

图 7-27 JZ—04

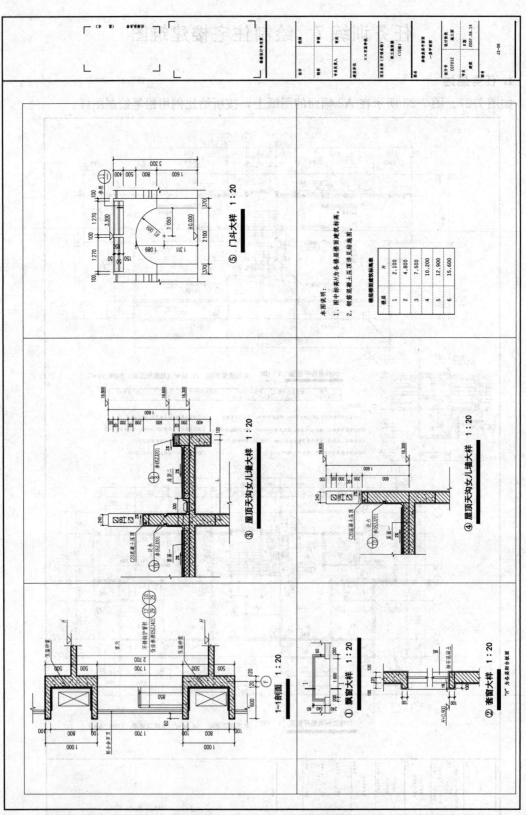

图 7-28　JZ—08

2. 任务提示

尺规绘制时，可按项目引入 7 的绘图流程开展任务。

本章小结

通过本章的学习，掌握建筑施工图中的平面图、立面图、剖面图和建筑详图的绘制方法。

思考与练习

1. 简述建筑施工图中平面图的绘制步骤。
2. 简述建筑施工图中立面图的绘制步骤。

参 考 文 献

[1] 军旭，雷海涛. 建筑工程制图与识图[M]. 北京：高等教育出版社，2014.

[2] 步砚忠，赵新. 建筑工程制图与识图[M]. 北京：中国海洋大学出版社，2011.

[3] 乐颖辉，詹凤程. 建筑工程制图[M]. 北京：中国海洋大学出版社，2010.

[4] 向环丽. 建筑工程识图（修订本）[M]. 北京：北京交通大学出版社，2014.